Fachwissen Technische Akustik

Diese Reihe behandelt die physikalischen und physiologischen Grundlagen der Technischen Akustik, Probleme der Maschinen- und Raumakustik sowie die akustische Messtechnik. Vorgestellt werden die in der Technischen Akustik nutzbaren numerischen Methoden einschließlich der Normen und Richtlinien, die bei der täglichen Arbeit auf diesen Gebieten benötigt werden.

Gerhard Müller · Michael Möser

Herausgeber

Baulärm

Herausgeber
Gerhard Müller
Lehrstuhl für Baumechanik
Technische Universität München
München, Deutschland

Michael Möser
Institut für Technische Akustik
Technische Universität Berlin
Berlin, Deutschland

Fachwissen Technische Akustik
ISBN 978-3-662-55396-1   ISBN 978-3-662-55397-8 (eBook)
DOI 10.1007/978-3-662-55397-8

Die Deutsche Nationalbibliothek verzeichnet diese Publikation in der Deutschen Nationalbibliografie;
detaillierte bibliografische Daten sind im Internet über http://dnb.d-nb.de abrufbar.

Springer Vieweg
© Springer-Verlag GmbH Deutschland 2017
Dieser Beitrag wurde zuerst veröffentlicht G. Müller, M. Möser (Hrsg.), Taschenbuch der
Technischen Akustik, Springer Nachschlagewissen, Springer-Verlag Berlin Heidelberg 2015, DOI
10.1007/978-3-662-43966-1_20-1

Gedruckt auf säurefreiem und chlorfrei gebleichtem Papier

Springer Vieweg ist Teil von Springer Nature
Die eingetragene Gesellschaft ist Springer-Verlag GmbH Deutschland
Die Anschrift der Gesellschaft ist: Heidelberger Platz 3, 14197 Berlin, Germany

Inhaltsverzeichnis

Autorenverzeichnis

Christian Fabris Umweltbundesamt, Dessau, Deutschland

Benjamin Jäger Niederlassung Berlin, Müller-BBM GmbH, Berlin, Deutschland

Olaf Tobias Strachotta Umwelt, TÜV Nord AG, Hannover, Deutschland

Baulärm

Christian Fabris, Benjamin Jäger und Olaf Tobias Strachotta

Zusammenfassung

Das Kapitel handelt hauptsächlich von Baumaschinen und deren Einsatz auf Baustellen. Dabei werden vor Allem die relevanten rechtlichen Rahmenbedingungen im Zusammenhang mit Baulärm in Deutschland dargestellt. Darüber hinaus werden Steuerungsmaßnahmen sowohl aus Deutschland als auch aus anderen Staaten im Vergleich gezeigt. Das Kapitel besteht nach der Einleitung aus drei Abschnitten. Der erste Abschnitt beleuchtet die Geräuschemissionen von Baumaschinen. Der zweite Abschnitt befasst sich mit Immissionen, die durch Baulärm hervorgerufen werden – sowohl am Arbeitsplatz als auch an Wohnorten in der Nähe von Baustellen. Der dritte Abschnitt führt schließlich Maßnahmen zur Minderung von Baulärm an. Dieses Kapitel ist an Entwickler von Baumaschinen, Bauplaner, Verwaltungsbehörden, Bauingenieure, Bauherren, durch Baulärm Belästigte und Bauunternehmer gerichtet. Es bietet aber auch jedem anderen Interessierten einen umfassenden Einblick in die wichtigsten Aspekte des Themas. Gleichzeitig verfügt das Kapitel über eine umfangreiche Literatursammlung, die jedem Leser zu Vertiefung der einzelnen Fachfragen empfohlen wird.

C. Fabris (✉)
Umweltbundesamt, Dessau, Deutschland
E-Mail: christian.fabris@uba.de

B. Jäger
Niederlassung Berlin, Müller-BBM GmbH, Berlin,
Deutschland
E-Mail: benjamin.jaeger@muellerbbm.de

O.T. Strachotta
Umwelt, TÜV Nord AG, Hannover, Deutschland
E-Mail: ostrachotta@tuev-nord.de

© Springer-Verlag GmbH Deutschland 2017
G. Müller, M. Möser (Hrsg.), *Baulärm*, Fachwissen Technische Akustik,
DOI 10.1007/978-3-662-55397-8_20

1

Dieses Kapitel ist an Entwickler von Baumaschinen, Bauplaner, Verwaltungsbehörden, Bauingenieure, Bauherren, durch Baulärm Belästigte und Bauunternehmer gerichtet. Es bietet aber auch jedem anderen Interessierten einen umfassenden Einblick in die wichtigsten Aspekte des Themas. Gleichzeitig verfügt das Kapitel über eine umfangreiche Literatursammlung, die jedem Leser zu Vertiefung der einzelnen Fachfragen empfohlen wird.

Da Baulärm hauptsächlich von Maschinen erzeugt wird, handelt ein Großteil des Kapitels von Baumaschinen und deren Einsatz auf Baustellen. Dabei werden vor Allem die relevanten rechtlichen Rahmenbedingungen im Zusammenhang mit Baulärm in Deutschland dargestellt. Darüber hinaus werden Steuerungsmaßnahmen sowohl aus Deutschland als auch aus anderen Staaten im Vergleich gezeigt. Das Kapitel besteht nach der Einleitung aus drei Abschnitten. Es folgt inhaltlich dem Weg des Baulärms von der Entstehung zum Ohr des Belästigten.

Der erste Abschnitt beleuchtet die Geräuschemissionen von Baumaschinen. Dieser Teil des Kapitels setzt sich hauptsächlich mit Baumaschinen im Geltungsbereich der Outdoor- sowie Maschinenrichtlinie auseinander. Die Messung und Angabe von Emissionswerten bzw. entsprechende Geräuschgrenzwerte werden erörtert. Weiterhin werden die sich aus den Richtlinien ergebenden Auswirkungen auf Hersteller und Anwender gezeigt. Abgerundet wird der erste Abschnitt mit Vorteilen für Anwender lärmarmer Maschinen. Vor allem die Anforderungen des „Blauen Engels" für lärmarme Baumaschinen werden beschrieben. Begleitend werden Übersichten über die Schallleistungspegel und deren Oktavspektren von Baugeräten und -maschinen, gesetzliche Grenzwerte und Prüfwerte des Blauen Engels aufgeführt.

Der folgende Abschnitt befasst sich mit den Immissionen, die durch Baulärm hervorgerufen werden. Zunächst wird die Belastung durch Baulärm am Arbeitsplatz thematisiert. Dazu werden die rechtlichen Anforderungen für Lärm am Arbeitsplatz angesprochen. Daraufhin werden Schutzmaßnahmen aufgezählt, um die Gefährdung der Beschäftigten durch Lärm auf Baustellen auszuschließen. Als Nächstes werden Immissionen an Wohnorten in der Umgebung von Baustellen behandelt. Dieser Abschnitt ist besonders relevant für die Baustellenplanung und -durchführung. So werden häufige Fragen zu Immissionsrichtwerten innerhalb und außerhalb von Gebäuden, Maximalpegeln und auch zu Geräuschen durch Baustellenverkehr beantwortet. Es werden abschließend internationale Beispiele rechtlicher Regelungen zur Immissionsbegrenzung von Baulärm miteinander verglichen.

Der dritte Abschnitt führt schließlich Maßnahmen zur Minderung von Baulärm an. Zuerst wird anhand von üblichen Beschwerden über Baulärm erklärt, welches Vorgehen zur Änderung der Lärmsituation gewählt werden sollte. Dabei richtet sich dieser Teil hauptsächlich an durch Baulärm Belästige. Dabei wird sowohl der behördliche als auch der zivilrechtliche Weg angesprochen. Danach widmet sich der Abschnitt der schalltechnischen Planung zur Einrichtung und Räumung von Baustellen. Dies richtet sich vorwiegend an Bauherren und Bauplaner. Es werden planerische Maßnahmen zur effektiven Minderung des Baulärms bei gleichzeitig effizienter Durchführung des Bauvorhabens genannt. Im letzten Teil wird auf konkrete Emissionsminderungsmaßnahmen an häufig eingesetzten Baumaschinen und -verfahren eingegangen.

1 Einleitung

Bauen ist als eine der sinnvolleren Tätigkeiten des Menschen durchaus etwas Positives. Es dient der Schaffung von Wohnraum, der Verbindung von Kulturen und zeigt die technologische Leistungsfähigkeit von Mensch und Maschine. Im Laufe der Geschichte sind die Anforderungen an Bauten in mittlerweile ungeahnte Höhen gestiegen. Zwar können kleinere Bautätigkeiten mit einfachen Mitteln von Hand durchgeführt werden. Auf Großbaustellen ist es heute jedoch nicht mehr möglich, ohne technische Hilfsmittel effizient zu arbeiten. Deshalb gibt es für nahezu jede Aufgabe auf Baustellen ein entsprechendes Baugerät bzw. eine spezielle Baumaschine. Maschinengestützte Bauschritte sind dann meist schnell, genau und muskelkraftschonend, erzeugen aber erfahrungsgemäß auch Lärm und Erschütterungen.

Mit der Zunahme der Weltbevölkerung (im Jahr 1950 ca. 2 Mrd. und im Jahr 2015 schon mehr als 7 Mrd.) nehmen auch die Bautätigkeiten zu. Damit steigt ebenfalls die Zahl der durch Lärm und Erschütterungen Betroffenen. In den Beschwerdelisten der europäischen Verwaltungsbehörden liegen die Klagen über Lärm und Erschütterungen an dritter bis sechster Stelle. Motor-betriebene Baumaschinen haben meist hohe Antriebs- und damit auch Schallleistungen und werden zudem auf der Baustelle ortsveränderlich betrieben. Gleichzeitig sind Baustelle und benachbarte Anwohner oftmals nur sehr wenig räumlich voneinander getrennt. Baustellen sind also aus akustischer Sicht eine Besonderheit im Vergleich mit anderen Lärmquellen. Ihr Lärm ist für benachbarte Anwohner relativ unvorhersehbar und daher besonders lästig. Das zeigt sich vor allem in Ballungsgebieten, wo es empfindungsgemäß besonders viele und fortwährend neue Baustellen gibt.

Auf der anderen Seite des Bauzauns ist die Lärmsituation ähnlich, wenn nicht gar noch kritischer. Auch die Arbeitskräfte auf Baustellen sind nicht besonders gut vor Baulärm geschützt. Bei den Beschäftigten im Baugewerbe ist Lärmschwerhörigkeit immer noch Berufskrankheit Nr. 1. Von allen Unfallrenten, die für die Berufskrankheit Lärmschwerhörigkeit gezahlt werden, entfallen ca. 20 % allein auf das Baugewerbe.

Die Leistung und Anzahl von Baumaschinen sowie die Anzahl der Arbeitskräfte sind wichtige Kriterien für die Lärmsituation auf und in der Umgebung einer Baustelle. Betroffene Anwohner akzeptieren Baulärm in begrenztem Umfang. Erfahrungsgemäß ist die Akzeptanz höher bei großen Baumaschinen mit Antriebsleistungen von mehreren 100 kW. Dagegen wird unnötig bzw. vermeidbar angesehener Lärm nicht akzeptiert. Besonders der individuelle Faktor bei Bautätigkeiten ist nicht zu unterschätzen. Der richtige Umgang mit der Technik sowie die handwerkliche Fertigkeit der Beschäftigten spielt nämlich eine bedeutende Rolle bei der Lärmerzeugung. So können durch falsches Verhalten auf einer Baustelle vorherige Bemühungen zur Geräuschminderung zunichte gemacht werden. Das ist nicht nur für betroffene Anwohner ärgerlich.

Deshalb ist die Begrenzung von Baulärm stets ein aktuelles Thema. Dies ist aber eine Aufgabe, die nur durch verknüpfte Maßnahmen von Gesetzgeber, Normung, Baufrauen und -herren, Baubehörden, Baumaschinenherstellern, Bauunternehmen sowie von den Arbeitskräften auf der Baustelle gelöst werden kann.

Vom Gesetzgeber ist zu wünschen, dass er mit fortschreitendem Stand der Technik die rechtsgültigen Geräuschemissionskennwerte entsprechend anpasst. Zum Schutz vor Erschütterungen und Vibrationen (siehe Kap. Erschütterungen in der Technischen Akustik) stehen (außer im Bereich Arbeitsschutz) europaweit oder gar international gültige Regelungen noch aus. In nationalen sowie internationalen Normungsinstituten müssen einheitliche Geräuschmessverfahren entwickelt und gegebenenfalls überarbeitet werden. Baufrauen und -herren (auch bei öffentlichen Bauvorhaben) sollten Anforderungen an Lärmminderung in Ausschreibungen und Bauaufträgen vertraglich festschreiben. Baubehörden müssen bereits bei der Bauleit- bzw. Baunutzungsplanung sensibel auf eine Lärmbelastung durch Bautätigkeiten achten. Hersteller von Baumaschinen sollten den Stand der Lärmminderungstechnik einhalten und ihn bei Neuentwicklungen fortschreiben. Bauunternehmer sollten ihre Arbeitskräfte in Lärmfragen unterstützen und gegebenenfalls Lehrgänge zum lärmarmen Umgang mit Baumaschinen anbieten.

2 Geräuschemissionen von Baumaschinen

Die Lärmsituation auf Baustellen ändert sich ständig entsprechend des Baufortschrittes. Für stationäre Lärmquellen wie Industrieanlagen sind passive Schallschutzmaßnahmen wie Schallschutzwände, zeitliche Einschränkungen des Betriebs o. ä. sinnvoll und üblich. Für Bautätigkeiten sind passive Maßnahmen jedoch oft zu teuer, mitunter nicht realisierbar oder einfach ungeeignet. Deshalb sind Schallminderungsmaßnahmen an den Baumaschinen selbst bzw. bei der Bedienung derer der zentrale Ansatz zur Vermeidung von Lärm.

Der Baumaschinenmarkt ist grenzübergreifend und international. Mehrere Staaten boten unterschiedliche Lösungen zur Regulierung des emissionsseitigen Lärms von Baumaschinen an. Im Hinblick auf die Globalisierung war jedoch eine Harmonisierung der Vorschriften und Gesetze von erheblicher Bedeutung. Deshalb wurden einheitliche Kennzeichnung und Beschränkung der Geräuschemissionen von Baumaschinen europaweit geregelt.

Im europäischen Regelwerk zur Begrenzung von Geräuschemissionen bei Baumaschinen wird zwischen den wesentlichen rechtlichen Schutzgütern Immissionsschutz und Arbeitssicherheit unterschieden. Es ist daher verständlich, dass es separate Richtlinien zur Einhaltung eines rechtlichen Schutzniveaus für die jeweiligen Güter gibt.

2.1 EU-Richtlinien zur Begrenzung der Geräuschemissionen

Von 1979 bis 1995 wurden acht europäische Richtlinien zur Regulierung von Geräuschemissionen verschiedener Baumaschinenarten erlassen. Mit diesen Richtlinien wurden Maschinenhersteller zu drei wesentlichen Dingen verpflichtet:

- Geräuschemissionen werden durch von den Mitgliedstaaten benannte Stellen geprüft
- die Maschinen werden mit dem garantierten Schallleistungspegel gekennzeichnet
- die Maschinen müssen festgelegte Geräuschemissionsgrenzwerte einhalten

1996 kündigte die Europäische Kommission in ihrem Grünbuch „Zukünftige Lärmschutzpolitik" [1] an, dass sie eine EU-Richtlinie vorbereite, die die Geräuschemissionen einer großen Anzahl von Maschinen und Geräten für den Betrieb im Freien regeln werde und die existierenden EU-Richtlinien ablösen soll. Daraufhin hat die Europäische Gemeinschaft in der Richtlinie 2000/14/ EG (im Folgenden „Outdoor-Richtlinie" genannt) [2, 3] zum Schutz der menschlichen Gesundheit und des Wohlbefindens vor umweltbelastenden Geräuschemissionen für 57 verschiedene Maschinen- und Gerätetypen Anforderungen an die Geräuschemissionen beim Inverkehrbringen festgelegt. Die Richtlinie wurde am 03.07.2000 im Amtsblatt der Europäischen Union veröffentlicht und ist somit auf europäischer Ebene in Kraft getreten. Die Richtlinie gilt hauptsächlich für Baumaschinen aber auch für Kommunalfahrzeuge, Garten- und Landschaftspflegegeräte. Im engeren Sinne enthält die Outdoor-Richtlinie Vorschriften zur Messung, Kennzeichnung und ggf. Einhaltung von Grenzen von in die Umwelt abgegebene Geräuschemissionen. Die Outdoor-Richtlinie dient also zusammengefasst dem Immissionsschutz.

Ziele der Outdoor-Richtlinie:

- Gewährleistung eines reibungslosen Funktionierens des Binnenmarktes,
- Harmonisierung der gemeinschaftlichen Rechtsvorschriften über Geräuschemissionsnormen von zur Verwendung im Freien vorgesehenen Geräten und Maschinen,
- Schutz der menschlichen Gesundheit und des menschlichen Wohles.

1989 wurde die erste europäische Richtlinie zur Regulierung von Sicherheitsanforderungen an Maschinen, damals noch nicht gültig für bewegliche Maschinen, erlassen [4]. 1998 wurde die Richtlinie mit ihren drei Änderungsrichtlinien (ab 1991 gültig für bewegliche und damit auch für einen Großteil der Baumaschinen) kodifiziert und als Richtlinie 98/37/EG [5] neu erlassen. Seit 2009 ist die Neufassung der Richtlinie (2006/42/ EG) [6] (im Folgenden „Maschinenrichtlinie" genannt) rechtsgültig und ersetzt alle Vorgängerfassungen. Entsprechend allen Fassungen der Maschinenrichtlinie muss eine Maschine grundsätzlich unter anderen Anforderungen an die Maschinensicherheit auch dem Stand der Technik zur Lärmminderung, insbesondere an der Quelle, entsprechen. Also dient die Maschinenrichtlinie lapidar der Arbeitssicherheit.

Ziele der Maschinenrichtlinie:

- Gewährleistung eines reibungslosen Funktionierens des Binnenmarktes,
- Festlegung grundlegender Anforderungen für die Konstruktion und den Bau von Maschinen,
- Schutz der Sicherheit und Gesundheit beim Errichten und Betrieb von Maschinen.

Die europäische Regelsetzung für Produkte verlangt von den Herstellern stets Konformität mit allen die jeweiligen Produkte betreffenden Richtlinien bzw. Verordnungen. Deshalb beschreiten Outdoor- und Maschinenrichtline einen vergleichbaren regulativen Weg. Daher werden sie im Folgenden nicht getrennt betrachtet, sondern stets kombiniert für das übergeordnete Regelungsziel „Minderung des Lärms".

Hauptsächliche Maßnahmen, um diese Ziele in der EU zu erreichen:

- harmonisierte Messung und Angabe von Geräuschkennwerten auf den Geräten und Maschinen,
- harmonisierte Grenzwerte der Geräuschemissionen,
- harmonisierte Konformitätsbewertung,
- funktionierende Marktaufsicht in den Mitgliedsstaaten der EU
- Sammlung und Veröffentlichung von Daten über umweltbelastende Geräuschemissionen von in den freien Warenverkehr gebrachten Geräten und Maschinen.

Die Richtlinien wurden auf Grundlage des EG-Vertrags erlassen. Deshalb gelten sie nicht unmittelbar. Für ihre rechtliche Gültigkeit in den einzelnen Mitgliedsstaaten der EU bedarf es in beiden Fällen nationaler Umsetzungen. Die derzeit in Deutschland gültigen Umsetzungen der Outdoor-Richtlinie bzw. Maschinenrichtlinie sind die 32. Verordnung zur Durchführung des Bundes-Immissionsschutzgesetzes (Geräte- und Maschinenlärmschutz-Verordnung – 32. BImSchV) [7] bzw. die Neunte Verordnung zum Produktsicherheitsgesetz (Maschinenverordnung – 9. ProdSV) [8].

2.2 Inhalt der EU-Richtlinien zur Begrenzung der Geräuschemissionen

Die Vorschriften der Outdoor-Richtlinie und der Maschinenrichtlinie gelten, wenn die in ihr genannten Maschinen und Geräte in Europa in Verkehr gebracht oder erstmalig in Betrieb genommen werden. Inverkehrbringen ist dabei der Zeitpunkt der erstmaligen Bereitstellung eines Produktes für den Vertrieb oder die Benutzung im Gebiet der Europäischen Union.

Wird ein Produkt erstmalig auf dem EU-Gemeinschaftsmarkt in den Verkehr gebracht und in Betrieb genommen, muss es allen für das jeweilige Produkt anwendbaren, EU-Richtlinien entsprechen. Die Vorschriften gelten sowohl für alle Produkte, also auch für solche, die außerhalb der EU hergestellt wurden. Befindet sich ein Produkt bereits im Verkehr oder im Gebrauch, sind die Vorschriften nicht mehr gültig. Sie gelten aber generell für alle außerhalb der EU produzierten und dort eingesetzten Produkte, wenn diese erstmals in den EU-Gemeinschaftsmarkt als Gebrauchtmaschinen eingeführt werden sollen.

Beide Richtlinien enthalten Vorschriften zur Messung und Angabe der Geräuschemissionen von Maschinen. Da alle Maschinen im Geltungsbereich der Outdoor-Richtlinie auch im Geltungsbereich der Maschinenrichtlinie sind, schließen sich die jeweiligen Anforderungen nicht gegenseitig aus, sondern unterstützen einander. So gilt für alle in der Outdoor-Richtlinie enthaltenen Baumaschinen sowohl die Angabepflicht des arbeitsplatzbezogenen Emissionsschalldruckpegels L_{pA} nach Maschinenrichtlinie als auch die Pflichten zur Kennzeichnung des Schallleistungspegels L_{WA} und ggf. Einhaltung von Grenzwerten.

Anforderungen an Baumaschinen im Geltungsbereich

Die Outdoor-Richtlinie [2] deckt 29 Baumaschinenarten (insgesamt 57 Geräte- und Maschinenarten) ab, die für den überwiegenden Betrieb im Freien vorgesehen sind. Die Maschinen- und Gerätearten werden im Anhang I der Richtlinie aufgeführt und definiert. Tab. 1 und 2 zeigen alle mittels Outdoor-Richtlinie regulierten Baumaschinen.

Alle Produkte müssen mit der CE-Konformitätskennzeichnung und einer Angabe des A-bewerteten Schallleistungspegels gekennzeichnet werden. 18 Baumaschinenarten (und 5 weitere

Tab. 1 Baumaschinen, die nur der Kennzeichnungspflicht unterliegen gemäß [2]

Hubarbeitsbühnen mit Verbrennungsmotor
Bauaufzüge für den Materialtransport (mit Elektromotor)
Baustellenbandsägemaschinen
Baustellenkreissägemaschinen tragbare Motorsägen
Verdichtungsmaschinen (nur Explosionsstampfer)
Beton- und Mörtelmischer
Bauwinden (mit Elektromotor)
Förder- und Spritzmaschinen für Beton und Mörtel
Förderbänder
Bohrgeräte
Be- und Entladeaggregate auf Tank- oder Silofahrzeugen
Hochdruckwasserstrahlmaschinen
Hydraulikhämmer
Fugenschneider
Gegengewichtsstapler mit Verbrennungsmotor, Tragfähigkeit < 10 t
Straßenfertiger mit Hochverdichtungsbohle
Rammausrüstungen
Rohrleger
Kraftstromerzeuger > 400 kW Kehrmaschinen
Straßenfräsen
Transportbetonmischer
Wasserpumpen (nicht für den Betrieb unter Wasser)

Geräte- und Maschinenarten) müssen darüber hinaus Grenzwerte einhalten. In der Richtlinie wurden mit ihrem Inkrafttreten Grenzwerte in zwei Stufen festgelegt. Die erste Stufe trat 2002 in Kraft. Mit der zweiten Stufe wurden 2006 fast alle Grenzwerte um 3 dB(A) gesenkt. Die Tab. 2 zeigt die aktuell gültigen Grenzwerte.

Da die Maschinenrichtlinie [6] für weitaus mehr Maschinentypen gilt als nur für Baumaschinen, ist es nicht möglich, diese hier abschließend aufzuzählen. Die Maschinenrichtline erfordert grundsätzlich, dass Maschinen so zu konzipieren und zu bauen sind, dass Gefahren durch Lärmemissionen auf das niedrigste erreichbare Niveau gesenkt werden. Darüber hinaus muss der von jeder Maschine ausgehende Luftschall am Arbeitsplatz in der Betriebsanleitung angegeben werden. Es muss entsprechend der gültigen Maschinenrichtlinie auch der Schallleistungspegel der Maschine angegeben werden, wenn der der A-bewertete Emissionsschalldruckpegel an den Arbeitsplätzen 80 dB(A) übersteigt.

Geräuschemissionsmessverfahren

Der zu deklarierende Geräuschemissionswert eines jeden Geräusch emittierenden Produkts wird vom verwendeten Messverfahren bestimmt. Das Messverfahren für Baumaschinen entsprechend Outdoor-Richtlinie [2] besteht für jede Maschinen- und Geräteart aus zwei Teilen. Erstens gelten allgemeine Vorgaben für die Geräuschmessung (Geräuschemissionsgrundnormen mit Messpunktanzahl, Messabständen, Mittelungsverfahren, Messuntergrund usw.). Zweitens müssen für jede einzelne Maschine spezifische Betriebsbedingungen während der Messung eingehalten werden. Diese Bedingungen sind in der Outdoor-Richtlinie im Anhang III Teil B beschrieben.

Die Geräuschemissionsgrundnorm der Outdoor-Richtlinie ist die ISO 3744 in der Fassung von 1995 [9]. Zum Erreichen der erforderlichen Genauigkeit sind grundsätzlich mindestens folgende Kriterien zu beachten:

- Genauigkeitsklasse: 2
- Messumgebung: im Freien oder in Räumen
- Eignung Messumgebung: $K_2 \leq 2$ dB
- Fremdgeräuschabstand: > 6 dB (möglichst > 15 dB)
- Messfläche: Quader / Halbkugel
- Anzahl der Messpunkte: $\geq 9 / 6$
- Schallpegelmesssystem: Klasse 1 (IEC 61672 [10])

Die Mikrofonpositionen und Messpfade auf der quaderförmigen Messfläche, zeigt Abb. 1. Abb. 2 zeigt beispielhaft die seit Jahren bewährte Anordnung der sechs Mikrofonpositionen nach ISO 6395 [11]. Diese Messfläche findet meist Anwendung bei Geräuschemissionsmessungen an Baumaschinen – beim Arbeitszyklus mit und ohne Fahrstrecke. Wichtig für den Inverkehrbringer ist, dass er die Wahl des exakten Geräuschmessverfahrens mit der benannten Stelle abzustimmen hat. Diese Vorgehensweise ist auch Herstellern zu empfehlen, deren Produkte keinen Grenzwert haben und mit dem garantierten Grenzwert zu kennzeichnen sind. Unkorrekte Geräuschemissionsmessungen können dazu führen, dass die Zulassung zum freien Warenverkehr nicht mehr gegeben ist.

Tab. 2 Baumaschinen mit festgelegten Grenzwerten gemäß [2]

Baumaschinentyp	Installierte Nutzleistung P in kW Masse m in kg	Zulässiger Schallleistungspegel $L_{WA}/1$ pW in dB(A)
Vibrationswalzen, Rüttelplatten (≤ 3 kW)	$P \leq 8$	105
	$8 < P \leq 70$	106
	$P > 70$	$86 + 11 \lg P$
handgeführte Vibrationswalzen, Rüttelplatten, Vibrationsstampfer	$P \leq 8$	108
	$8 < P \leq 70$	109
	$P > 70$	$89 + 11 \lg P$
Kettenlader (≤ 55 kW), Kettenbaggerlader	$P \leq 55$	103
	$P > 55$	$84 + 11 \lg P$
Kettenlader (> 55 kW), Planierraupen	$P \leq 55$	106
	$P > 55$	$87 + 11 \lg P$
Planiermaschinen auf Rädern, Radlader, Baggerlader auf Rädern, Muldenfahrzeuge, Grader, Mobilkräne, nichtvibrierende Walzen, Straßenfertiger ohne Verdichtungsbohle, Hydraulikaggregate	$P \leq 55$	101
	$P > 55$	$82 + 11 \lg P$
Gegengewichtsstapler mit Verbrennungsmotor, Straßenfertiger mit (einfacher) Verdichtungsbohle	$P \leq 55$	104
	$P > 55$	$85 + 11 \lg P$
Bagger, Bauaufzüge für den Materialtransport, Bauwinden	$P \leq 15$	93
	$P > 15$	$80 + 11 \lg P$
handgeführte Betonbrecher, Abbau-, Aufbruch- und Spatenhämmer	$m \leq 15$	105
	$m > 15$	$94 + 11 \lg m$
Turmdrehkräne	-	$96 + \lg P$
Schweiß-/Kraftstromerzeuger	-	$95 + \lg P_{el}$
Motorkompressoren	$P \leq 15$	97
	$P > 15$	$95 + 2 \lg P$

Abb. 1 Anordnung der Mikrofonpositionen auf einer quaderförmigen Messfläche entsprechend ISO 3744:1995 [9]

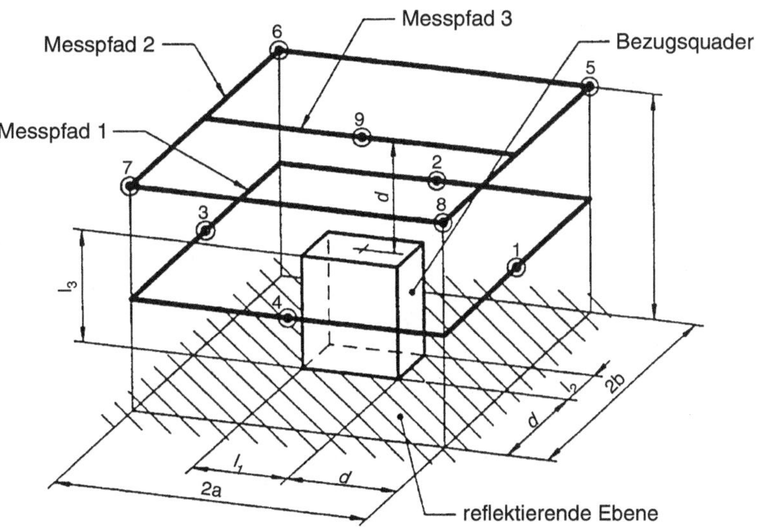

Für die Messung des arbeitsplatzbezogenen Emissionsschalldruckpegels entsprechend Maschinenrichtlinie [6] sind generell die Messverfahren der ISO 11200-Reihe [12] anzuwenden. Die hierbei anzuwendenden Mindestkriterien sind abhängig vom gewählten Messverfahren der Reihe. Das einzige bei allen Verfahren anzuwendende Kriterium ist die Mikrofonanzahl 1. Raumeinfluss K_2

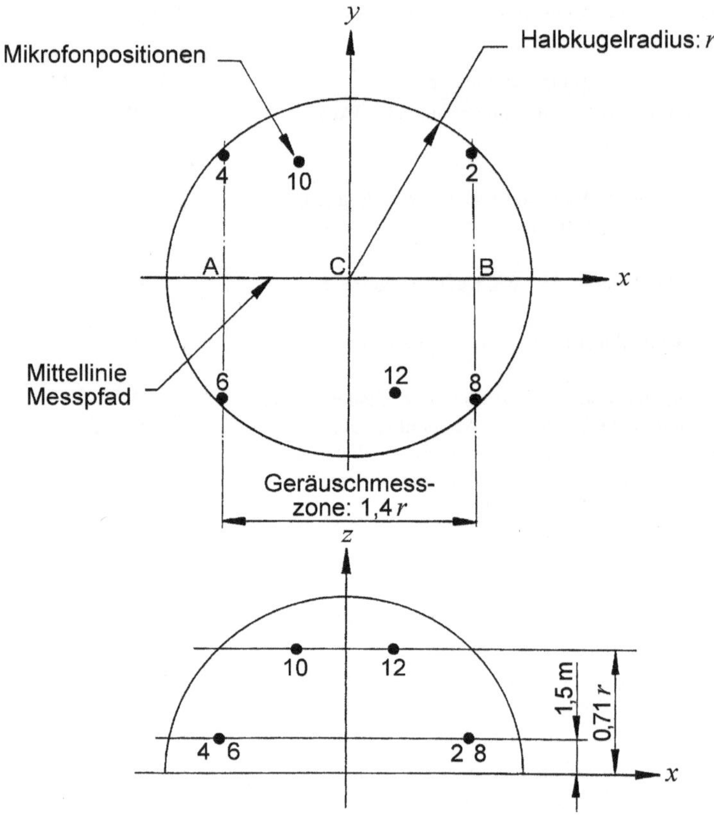

Abb. 2 Anordnung der Mikrofonpositionen auf einer halbkugelförmigen Messfläche entsprechend ISO 6395:2008 [11]

und Fremdgeräusche müssen zur Konformität mit der Maschinenrichtlinie nicht betrachtet werden.

Ist eine Baumaschine im Geltungsbereich beider Richtlinien, sind die in der Outdoor-Richtlinie, Anhang III, Teil B festgelegten Betriebsbedingungen anzuwenden. Das Verfahren ist in die erforderliche CE-Konformitätsbewertung einzubeziehen und mit der benannten Stelle abzustimmen.

Statistische Verfahren zur Absicherung der Geräuschemissionsangaben

Ursprünglich war für die Outdoor-Richtlinie [2] auch die Betrachtung von Messunsicherheiten vorgesehen. Der Hersteller sollte auf Grundlage der Geräuschmessungen abschätzen, welchen Wert er in der Serie unter Berücksichtigung der Produktstreuung und der Messungenauigkeiten garantieren kann. Diese Werte hätten bei einer späteren Nachmessung durch autorisierte Stellen verifizierbar sein sollen. Das sollte bedeuten, dass der Hersteller seine Geräte so hätte kennzeichnen müssen, dass er bei

einer Nachprüfung diese Werte mit hoher Wahrscheinlichkeit einhält.

Deshalb hatten die Mitgliedstaaten statistische Nachprüfverfahren festgelegt. Die anzuwendenden Verfahren waren nach allgemeinem Sach- und Rechtsverständnis folgerichtig die ISO 4871 [13] und übergeordnete Normen [14]. Die Bestimmung und Anwendung der Messunsicherheit wird im Kap. Beurteilung von Geräuschemissionen näher behandelt.

In den Begriffsbestimmungen und Artikeln der Outdoor-Richtlinie wird deshalb zwar noch zwischen „gemessenem" und „garantiertem" Schallleistungspegel unterschieden. Die Richtlinie folgt in ihren Artikeln auch stets mit der Erwähnung des „garantierten" Schallleistungspegels. In der Beschreibung der Ermittlungsverfahren im Anhang III ist jedoch aus unerfindlichen Gründen nur noch zu lesen, dass Messunsicherheiten in der Entwurfsphase der Konformitätsbewertung nicht berücksichtigt werden.

Der Hersteller ist nach Artikel 16 der Outdoor-Richtlinie verpflichtet, jedem Produkt eine EG-Konformitätsbescheinigung gemäß Anhang X beizufügen, in der er versichert, dass das Produkt alle gesetzlichen Anforderungen erfüllt. Und andere sollen demnach sowohl der gemessene als auch der garantierte Schallleistungspegel in die EG-Konformitätsbescheinigung aufgenommen werden. Da die Richtlinie jedoch kein Verfahren zur Bestimmung der Unsicherheit bereithält, muss laut Musterbescheinigung in Anhang X auch nur der gemessene Schallleistungspegel eingetragen werden.

Da der Richtlinientext jedoch die „Angabe des garantierten Schallleistungspegels" verlangt, haben die benannten Stellen in Europa für eine einheitliche Ermittlung der Unsicherheiten entsprechend Outdoor-Richtlinie gestimmt. Die Empfehlung RfU 07-003 R2 [15] ist eine abstrahierte Vorgehensweise der ISO 4871. Hiermit werden zwar keine „richtigen" Unsicherheitswerte ermittelt, jedoch ist das Verfahren zunächst größtenteils zweckdienlich. Vom Gesetzgeber ist hier zukünftig eine Festlegung auf ein Verfahren in der Richtlinie zu wünschen.

In der Maschinenrichtlinie [6] ist die Unsicherheitsbetrachtung entsprechend ISO 4871 [13] verpflichtend enthalten. Die Angabe von Unsicherheiten in der Betriebsanleitung kann hier sowohl in der Einzahl- (garantierter Wert) als auch in der Zweizahl-Angabevariante (gemessener Wert und Unsicherheitswert) erfolgen.

EG-Konformitäts-bewertungsverfahren

Hersteller aller Produkte müssen diese einer EG-Konformitätsbewertung unterziehen, wenn diese Produkte auf dem europäischen Markt in Verkehr gebracht werden sollen. Im Fall von Baumaschinen, die in den Geltungsbereich der Outdoor-Richtlinie fallen, gilt dabei Folgendes: Alle Baumaschinen, die keine Grenzwerte einhalten müssen (Artikel 13), müssen einer „internen Fertigungskontrolle" unterzogen werden. Der Hersteller kann hiernach die Geräuschemissionen durch eine Messung selbst ermitteln oder von anderen ermitteln lassen (entsprechend Anhang V der Outdoor-Richtlinie [2]).

Für alle Baumaschinen, die Grenzwerte einhalten müssen (Artikel 12), muss der Hersteller die Messungen von einer benannten Stelle auf Plausibilität prüfen lassen. Diese benannte Stelle soll das anhand der technischen Unterlagen tun, kann aber regelmäßig und in Zweifelsfällen auch selber Messungen durchführen. Die benannte Stelle überwacht darüber hinaus die Einhaltung der Werte in der Produktion (Anhang VI).

Diese Art der Begutachtung durch die benannte Stelle kann entfallen, wenn Baumaschinen einzeln abgenommen werden (Anhang VII) oder wenn der Hersteller ein umfassendes Qualitätssicherungssystem betreibt (Anhang VIII).

Unter Beachtung der Vorgehensweise in Anhang VI, VII und VIII dürfen Baumaschinen vom Hersteller in eigener Verantwortung gut sichtbar und dauerhaft haltbar mit dem CE-Zeichen gekennzeichnet werden, das durch die Angabe des garantierten Schallleistungspegels ergänzt wird (Abb. 3).

Eine Fortführung der Kennzeichnungspflicht für den Schalldruckpegel am Arbeitsplatz (entsprechend zurückgezogener 86/662/EWG [16]) ist auf freiwilliger Basis möglich und mit der benannten Stelle abzustimmen. Dieser Wunsch der Industrie ist verständlich vor dem Hintergrund, dass ein möglichst geringer Schalldruckpegel, mit dem das Gerät oder die Maschine gekennzeichnet ist, ein Hinweis auf die Qualität des Produktes ist und somit auch zunehmend ein von der Baumaschinenindustrie bestätigtes deutliches Verkaufsargument darstellt (Benutzervorteil).

Entsprechend der Maschinenrichtlinie [6] müssen Baumaschinen grundsätzlich nur einer

Abb. 3 Muster zur Kennzeichnung des A-bewerteten Schallleistungspegels in Verbindung mit dem CE-Kennzeichen entsprechend Outdoor-Richtlinie [2]

internen Fertigungskontrolle (Anhang VIII) unterzogen werden, um den arbeitsplatzbezogenen Emissionspegel zu ermitteln. Da die meisten Baumaschinen einen Grenzwert entsprechend der Outdoor-Richtlinie einhalten müssen, muss die Maschine ohnehin von einer benannten Stelle überprüft werden. Dabei kann man sicher gehen, dass die benannte Stelle auch die erforderliche Qualifizierung zur Bestimmung eines arbeitsplatzbezogenen Emissionspegels besitzt. Deshalb lassen die meisten Hersteller diesen Wert ebenso von einer benannten Stelle ermitteln. Entsprechend Anhang I Nummer 1.7.4.2. der Maschinenrichtlinie muss die Betriebsanleitung den arbeitsplatzbezogenen Emissionspegel enthalten.

Marktüberwachung in den EG-Staaten

Eine Kopie der EG-Konformitätsbescheinigung für jede Geräte- bzw. Maschinenart muss der Hersteller der zuständigen Behörde des EU-Staates, in dem er ansässig ist oder das Gerät oder die Maschine in Verkehr bringt, und der Europäischen Kommission übermitteln. Die ordnungsgemäße und richtige Ausstellung der EG-Konformitätsbescheinigung prüft die benannte Stelle bei der Begutachtung während der Produktion der entsprechenden Geräte und Maschinen.

Aufgrund dieser Meldungen und den damit übermittelten Daten ist in den letzten Jahren bei der zuständigen Stelle in der EU eine umfangreiche Sammlung von Konformitätsbescheinigungen aller Couleur entstanden. Diese Daten sollen zur Information des Marktes und der Behörden eingesetzt werden. Die zuständigen Behörden der Mitgliedstaaten sollen so die Möglichkeit bekommen, zu überprüfen, welche Geräte und Maschinen am freien Warenverkehr teilnehmen dürfen oder nicht.

Die Mitgliedstaaten wurden verpflichtet, die Einhaltung der Vorschriften durch die Hersteller zu überwachen und dabei mit den anderen Mitgliedstaaten eng zusammen zu arbeiten. Das beinhaltete auch die Überprüfung der Grenzwerte und der garantierten Schallleistungspegel, die die Mitgliedstaaten selber vornehmen oder durch benannte Stellen vornehmen lassen.

Alle im Zusammenhang mit der Outdoor-Richtlinie [2] und der Maschinenrichtlinie [6] stehenden Daten und Unterlagen sind zehn Jahre beim Hersteller zu hinterlegen. Der Hersteller von Geräten und Maschinen, die zwar nicht der Grenzwertpflicht, aber der Kennzeichnung unterliegen, sollte hier die benannte Stelle als Dienstleister freiwillig zur Erhöhung seiner Rechtssicherheit einbeziehen.

Die Mitgliedstaaten dürfen das Inverkehrbringen oder die Inbetriebnahme von Produkten, die den Vorschriften der EU-Richtlinien entsprechen und die mit dem CE-Zeichen und der Angabe des garantierten Schallleistungspegels versehen sind und in den Warenverkehrsfreigabe-Listen enthalten sind, nicht untersagen, einschränken oder behindern.

Mittlerweile traten hier einige Probleme auf, die im Vorfeld hätten gelöst werden sollen und nunmehr nachgebessert werden müssen. Die entscheidende Hürde war und ist immer noch die Sprache. Es gibt momentan 24 Amtssprachen in der EU, in die alle Richtlinien übersetzt werden müssen. Ebenso viele Sprachen haben auch die Konformitätsanforderungen. Bei der Übersetzung haben sich dabei Fehler eingeschlichen, die bis heute nicht detailliert berichtigt werden konnten. Es wurde nicht beachtet, dass nach den nationalen Umsetzungen der Richtlinien schließlich die Maschinenhersteller die Anforderungen verstehen und einhalten müssen. Bei großen Unternehmen ist dies sicher noch vorstellbar. Da die europäische Wirtschaft – auch die der Baumaschinenhersteller – aber hauptsächlich aus kleinen und mittleren Unternehmen besteht, mussten hier zwangsweise Verständigungsprobleme auftreten, die zu einer sehr geringen Datenqualität geführt haben.

Ein weiteres Problem ist die von Herstellern immer wieder angesprochene „fehlende Marktüberwachung". Das bemerkenswerte NOMAD-Projekt (Noise of Machinery Directive) [17] stellte den Erfolg der Marktüberwachung von Maschinenrichtlinie und auch Outdoor-Richtlinie niederschmetternd dar. In dem Projekt wurden in mehreren Mitgliedsstaaten insgesamt mehr als 1500 Bedienungsanleitungen und Konformitätsbescheinigungen von Maschinen auf Korrektheit der Angaben zu Geräuschen überprüft. 80 % aller Maschinen erfüllten demnach die Anforderungen an Konformität nicht. Diese Maschinen hätten nicht in Verkehr gebracht werden dürfen. Das bedeutet im Umkehrschluss, dass die Marktüberwachung in diesem Zusammenhang nahezu versagt hat.

Aus diesem Grund hat die Europäische Kommission eine grundlegende Überarbeitung beider Richtlinien beschlossen. Mit einem Ergebnis ist bis 2019 nicht zu rechnen.

2.3 Auswirkungen auf die Hersteller und Verbraucher

Hersteller von Baumaschinen müssen entsprechend der Outdoor-Richtlinie [2]:

- anhand der Listen in Artikel 12 und 13 der Outdoor-Richtlinie prüfen, ob die Baumaschine im Geltungsbereich ist;
- prüfen, ob diese Baumaschinentypen nur zu kennzeichnen sind (Artikel 13) oder ob zusätzlich auch Grenzwerte einzuhalten sind (Artikel 12);
- die Geräuschemission der Baumaschinen durch Messungen getreu Teil B der Richtlinie ermitteln und (bei Typen mit Grenzwerten) eine benannte Stelle suchen und in Abhängigkeit von den gewünschten Verfahren (Anhang V, VI, VII und/oder VIII) einschalten;
- statistisch ermitteln (entsprechend RfU 07-003 R2 [15]), welchen Schallleistungspegel L_{WA} in dB(A) sie für die jeweilige Baumaschinenserie garantieren können;
- jedes Produkt mit dem CE-Kennzeichen und der Angabe des „garantierten" Schallleistungspegels L_{WA} in dB(A) gemäß Anhang IV versehen (Abb. 3);
- für Baumaschinen aus Artikel 12 den Grenzwert einhalten;
- jedem Produkt eine EG-Konformitätsbescheinigung mit den vorgeschriebenen Daten gemäß Anhang X beilegen;
- eine Kopie der EG-Konformitätsbescheinigung entsprechend Artikel 16 für jeden von

ihm hergestellten Baumaschinentyp an die zuständige nationale Behörde (üblicherweise sind das in Deutschland die Landesgewerbeämter) und an die Europäische Kommission senden;
- sich durch Produktionsüberwachung auf Überprüfungen der hergestellten Produkte durch die zuständigen Behörden der Mitgliedstaaten oder die benannten Stellen einstellen.

Entsprechend der Maschinenrichtlinie [6] müssen Hersteller von Baumaschinen:

- durch eine interne Fertigungskontrolle den arbeitsplatzbezogenen Emissionspegel L_{pA} in dB (A) ermitteln
- entsprechend ISO 4871 [13] den Unsicherheitswert K ermitteln
- den arbeitsplatzbezogenen Emissionspegel L_{pA} zusammen mit dem Unsicherheitswert K als Zweizahlangabe bzw. den garantierten Wert $L_{pA,d}$ ($= L_{pA} + K$) als Einzahlangabe in die Betriebsanleitung aufnehmen

In Tab. 3 sind die erforderlichen Angaben zusammengefasst.

Für die Verbraucher sollten beide Richtlinien eine Verbesserung der Information über die Geräuschemission von Maschinen und Geräten und somit mehr Transparenz auf dem Markt bedeuten. Die Erfahrung zeigt aber, dass es trotz beider Richtlinien schwierig für Verbraucher ist, diese Informationen zu erhalten und einzuordnen. Zunächst kann nicht in jedem Fall davon ausgegangen werden, dass die Angaben vorhanden bzw. korrekt sind (siehe Abschn. Marktüberwachung in den EG-Staaten bzw. [17]). Weiterhin zeigt schon das Schema der Kennzeichnungspflicht (Tab. 3), dass der Verbraucher, der eine Maschine beschaffen möchte, selbst bei korrekter Angabe nur in den seltensten Fällen alle Informationen erhält. So sind z. B. die Schallleistungspegel auf dem Produkt gekennzeichnet, müssen jedoch nicht in den Verkaufsunterlagen vermerkt sein. Eine Auswahl besonders lärmarmer Maschinen wird somit unnötig erschwert.

Tab. 3 Erforderliche Angaben zum Inverkehrbringen von Baumaschinen entsprechend Outdoor- und Maschinenrichtlinie [2, 6]

Baumaschine ist im Geltungsbereich der Outdoor-Richtlinie (und damit auch im Geltungsbereich der Maschinenrichtlinie)		
Baumaschine ist nur im Geltungsbereich der Maschinenrichtlinie		
Ermittelter Wert des arbeitsplatzbezogenen Emissionsschalldruckpegels L_{pA}	Angabewert(e) in der Betriebsanleitung des Produkts	Kennzeichnungswert auf dem Produkt entsprechend Muster in Abb. 3
< 70 dB(A)	„L_{pA} < 70 dB(A)" oder „L_{pA} = … dB(A)"	
71–80 dB(A)	„L_{pA} = … dB(A)"	L_{WA}
> 80 dB(A)	„L_{pA} = … dB(A)" und „L_{WA} = … dB(A)"	

2.4 Derzeitige und zukünftige Benutzervorteile für lärmarme Geräte und Maschinen

Die in den Abschn. 2.1 und 2.2 erläuterten EU-Richtlinien zur Begrenzung der Geräuschemissionen von Bau- und weiteren Maschinen erlauben den Mitgliedstaaten darüber hinaus gehende Regelungen. Dies wurde aus der Erwägung heraus beschlossen, dass Bürger vor unverhältnismäßig hohem Lärm zu schützen sind. Insbesondere die Outdoor-Richtlinie [2] ermächtigt dazu, die Betriebsstunden der Produkte in als lärmsensibel eingestuften Gebieten zu beschränken. So könnten z. B. in Kur- und Krankenhausgebieten nur Produkte eingesetzt werden, die wesentlich leiser sind als es die Outdoor-Richtlinie verlangt. Diese Vorgehensweise ist erklärte Politik der europäischen Industriestaaten mit hoher Besiedlungsdichte. Nachfolgend werden beispielhaft für zwei Staaten diese Vorteile beschrieben.

Deutschland

In Deutschland gibt es in der nationalen Umsetzung der Outdoor-Richtlinie (32. BImSchV [7]) Verwendungsregeln für Baumaschinen in sensiblen Gebieten. Darüber hinaus gibt es für besonders lärmarme Baumaschinen ein Umweltzeichen „Blauer Engel".

Verwendungsvorschriften

Die 32. Verordnung zur Durchführung des Bundes-Immissionschutzgesetzes (Geräte- und Maschinen-lärmschutz-Verordnung – 32. BImSchV) [7] von 2002 übernimmt alle o. g. Anforderungen der Outdoor-Richtlinie [2] in deutsches Recht. Darüber hinaus regelt die Verordnung die Verwendung von Baumaschinen im Freien von

- reinen, allgemeinen und besonderen Wohngebieten,
- Kleinsiedlungsgebieten,
- Sondergebieten, die der Erholung dienen,
- Kur- und Klinikgebieten,
- Gebieten für die Fremdenbeherbergung sowie
- auf dem Gelände von Krankenhäusern und Pflegeanstalten.

Die Regelung (§ 7 der 32. BImSchV) ist so simpel wie knapp formuliert: Baumaschinen dürfen in diesen Gebieten an Sonn- und Feiertagen ganztägig sowie an Werktagen in der Zeit von 20.00 Uhr bis 07.00 Uhr nicht betrieben werden. Das gilt sowohl für Privatleute, Gewerbetreibende als auch für Vertreter der öffentlichen Hand. Natürlich wird den Bundesländern die Möglichkeit gegeben, von dieser Regel Ausnahmen zuzulassen oder die Verwendung in von ihnen als lärmsensibel eingestuften Gebieten weiter einschränken. So hat z. B. Rheinland-Pfalz mit seinem Landes-Immissionsschutzgesetz 2011 [18] den Betrieb von Baumaschinen in allen Gebieten, die dem Wohnen dienen (auch Mischgebiete), die Verwendung an Werktagen in der Zeit von 13.00 bis 15.00 Uhr und von 20.00 bis 7.00 Uhr sowie an Sonn- und Feiertagen ganztägig (außer für Gewerbetreibende) als nicht zulässig erklärt.

Umweltzeichen

Den Stand der Schallschutztechnik repräsentieren nachweislich die Baumaschinen, die das deutsche Umweltzeichen „Blauer Engel" RAL-UZ 53 tragen [19]. Um einheitliche Grundlagen zu schaffen, wurde folgende Vorgehensweise zur Erarbeitung einer Vergabegrundlage festgelegt:

- ein Prüfungsverfahren, in dem die Kriterien für die Zeichenvergabe entworfen werden (in diesem Verfahren werden das Umweltbundesamt der Bundesrepublik Deutschland sowie Experten aus Wissenschaft, Wirtschaft, Verbänden und Behörden eingeschaltet);
- eine Jury, zusammengesetzt aus unabhängigen Persönlichkeiten des öffentlichen Lebens, die die Kriterien für die Zeichenvergabe beschließt;
- Hersteller, die bei jedem Maschinentyp, für den sie das Umweltzeichen einsetzen wollen, müssen nachweisen, dass sie die zugrunde gelegten Kriterien einhalten. Sie müssen sich in einem Vertrag mit dem RAL, Deutsches Institut für Gütesicherung und Kennzeichnung e.V., rechtsverbindlich verpflichten, mit dem Umweltzeichen nur für Produkte zu werben, die den strengen Kriterien der Jury Umweltzeichen entsprechen;
- die Kennzeichnung der Produkte, die die Kriterien für die Verleihung des Umweltzeichens erfüllen, mit dem „Blauen Engel" (Abb. 4).

Bis zum Jahr 2000 hatte das Umweltzeichen einen repräsentativen Charakter und signalisierte einerseits, dass der Baumaschinenhersteller ein lärmarmes Premiumprodukt anbietet. Andererseits zeigten Bauherren durch den Einsatz von „Blauen Engeln" den eindeutigen Willen zum Schutz der Bevölkerung vor störendem Baulärm. In den letzten Jahren ist das gesamte Verfahren jedoch eingeschlafen, so dass es zeitweilig pro Jahr nur einen oder zwei Zeichennehmer gab. Inzwischen ist vielen Bauherren in Ballungsgebieten jedoch bewusst, dass sie eine Verpflichtung zum Schutz von Anwohnern einer Baustelle gegen Lärm und Abgase haben. Da sich dies nicht mehr nur mit der Einhaltung der Immissionsschutzregelungen (siehe Abschn. 3.2) bewerk-

Abb. 4 Umweltzeichen RAL-UZ 53 „Blauer Engel" [19]

stelligen lässt, wurde der Ruf nach einer vollständig überarbeiteten Fassung der RAL-UZ 53 laut. Deshalb wurde 2014 eine neue Vergabegrundlage erarbeitet, die 2015 in Kraft getreten ist. In der Neufassung gibt es nunmehr auch Anforderungen an einen luftschadstoffarmen Betrieb von Baumaschinen. Tab. 4 zeigt die Geräuschminderungskriterien für die in der Neufassung erfassten Baumaschinentypen, für die das Umweltzeichen „Blauer Engel" verliehen werden kann.

Niederlande

Hier gab es schon früher (bis 1990) die so genannte WIR-Umweltschutzprämie, dann seit 1991 mit VAMIL eine steuerliche Abschreibungsmöglichkeit für Umweltinvestitionen und schließlich seit 1999 mit MIA einen Investitionsabzug für umweltfreundliche Investitionen.

Die für diese steuerlichen Vergünstigungen in Frage kommenden Investitionen sind in einer Umweltliste enthalten, die jedes Jahr aktualisiert wird und 2014 folgende Umweltabteilungen enthielt:

- Übergreifende Umweltthemen
- Rohstoffe und Abfälle
- Ernährung und Landwirtschaft
- Mobilität
- Klima und Luft
- Fläche
- Bauliches Umfeld

Tab. 4 Anforderungen an Geräte und Maschinen zur Erlangung des Umweltzeichens RAL-UZ 53 [19]

Baumaschinentyp (in Klammern: Nr. entsprechend Anhang I der Richtlinie 2000/14/EG)	Installierte Nutzleistung P in kW Elektrische Nennleistung P_{el} in kW	maximaler Prüfwert für den garantierten Schallleistungspegel L_{WAd} in dB $L_{WAd} \leq$ **104 dB**
(8) Rüttelplatten, Vibrationswalzen, Vibrationsstampfer	$P \leq 8$	103
	$P > 8$	104
(1) Hubarbeitsbühnen mit Verbrennungsmotor	$P \leq 55$	101
(16) Planierraupen (21) Kettenbaggerlader (37) Kettenlader (43) Rohrleger mit Kettenantrieb	$P > 55$	$82 + 11 \lg P$
(8) nicht vibrierende Walzen	$P \leq 55$	99
(13) Förder- und Spritzmaschinen für Beton und Mörtel (16) Planiermaschinen auf Rädern (17) Bohrgeräte (18) Muldenfahrzeuge (21) Baggerlader auf Rädern (23) Grader (29) Hydraulikaggregate (36) Gegengewichtsstapler mit Verbrennungsmotor (37) Radlader (38) Mobilkräne (41) Straßenfertiger (43) Rohrleger mit Radantrieb	$P > 55$	$80 + 11 \lg P$
(3) Bauaufzüge für den Materialtransport	$P \leq 15$	91
(12) Bauwinden (20) Bagger	$P > 15$	$78 + 11 \lg P$
(14) Förderbänder (55) Transportbetonmischer	alle	98
(4) Baustellenbandsägemaschinen (5) Baustellenkreissägemaschinen (10) Handgeführte Betonbrecher, Abbau-, Aufbruch- und Spatenhämmer (28) Hydraulikhämmer (30) Fugenschneider (48) Straßenfräsen	alle	104
(53) Turmdrehkräne	alle	$94 + \lg P$
(45) Kraftstromerzeuger (57) Schweißstromerzeuger	$P_{el} \leq 5$	91
	$5 < P_{el} \leq 10$	94
	$P_{el} > 10$	95
(9) Kompressoren (11) Beton- und Mörtelmischer	$P \leq 15$	95
	$P > 15$	$93 + 2 \lg P$

In die Umweltliste für das Jahr 2014 wurden Rammausrüstungen neu aufgenommen. Weiterhin gibt es Vergünstigungen für Stromerzeuger, Kompressoren, Hydraulikaggregate, Schallschutz für Hydraulikhämmer, Pumpen, Lader, Bagger, Brecher, Häcksler, Gabelstapler, Teleskopstapler, Turmdreh- und Mobilkrane.

Die Prozedur zur Erlangung der Steuervorteile ist so einfach (eine Meldung an das Finanzamt genügt), dass die Summe der gemeldeten Umweltinvestitionen im Jahr 2013 insgesamt 3,8 Mrd. Euro betrug [20].

„Beflügelt" durch die staatliche Förderung umweltfreundlicher Investitionen konnten in den letzten Jahren beispielsweise die Schallleistungspegel von Gabelstaplern im Mittel von 105 dB (A) auf 102 dB(A) gesenkt werden, so Kruithof und Werring [21]. Es wäre zu wünschen, dass die niederländische Umweltpolitik mit ihren steuerlichen Benutzervorteilen auch in anderen Ländern Nachahmer finden würde. Die steuerlichen Vorteile sowie die Anforderungen sind in der MIA/Vamil Milieulijst zusammengestellt [22, 23].

2.5 Schallleistungspegel von Geräten und Baumaschinen – relative Spektren

Anhand der Ergebnisse verschiedener (insbesondere vom Umweltbundesamt der Bundesrepublik Deutschland geförderter) Forschungsvorhaben zum Stand der Schallschutztechnik von Baumaschinen sowie der Daten aufgrund der Geräuschemissionsmessungen im Zusammenhang mit den EWG-Baumusterprüfungen, die vor dem Inkrafttreten der Outdoor-Richtlinie [2] gesetzlich vorgeschrieben waren, sind in Tab. 5 relative Spektren und Schallleistungspegel L_{WA} in dB(A) angegeben, die zur Prognose der Geräuschemissionen und -immissionen von Baustellen herangezogen werden können. Im Vergleich dazu stehen in den letzten Spalten der Tabelle gekennzeichnete und gemessene Schallleistungswerte, die in dem europäischen Gemeinschaftsprojekt „Noise of Machinery –Evaluation", kurz NOMEVAL [24], ermittelt wurden.

3 Geräuschimmissionen

Geräuschimmissionen durch Bautätigkeiten treten sowohl an den Arbeitsplätzen als auch in der (Wohn-) Nachbarschaft von Baustellen auf. Beide Bereiche werden durch unterschiedliche Regelungen (Grenzwerte, Messverfahren, Maßnahmen) auf unterschiedlichen Ebenen (europäisch/ national) erfasst. Im Arbeitsplatzbereich existieren europäische Regelungen, die in nationales Recht umgesetzt und ergänzt wurden. Im Umweltbereich liegen bisher – da sich die europäischen Mitgliedstaaten hier auf das Subsidiaritätsprinzip

berufen – keine entsprechenden europäischen Regelungen vor; die Mitgliedstaaten haben gegebenenfalls nationales Recht erlassen. Im Unterschied zu stationären Anlagen sind Baustellen üblicherweise nur zeitlich begrenzt in Betrieb. Sie gehören deshalb in Deutschland nicht zu den genehmigungspflichtigen Anlagen im Sinne des Bundes-Immissionsschutzgesetzes [25]. Lärm durch Bauarbeiten von Privatpersonen oder auch Heimwerkertätigkeiten stellen übrigens keinen Baulärm dar. Dieser Lärm ist dem Nachbarschaftslärm zuzuordnen.

3.1 Geräuschimmissionen am Arbeitsplatz

Jährlich werden in Deutschland im gesamten gewerblichen Bereich etwa 6500 neue Fälle der Berufskrankheit „Lärm" anerkannt [26], davon sind nach Auskunft der Bundesanstalt für Arbeitsschutz und Arbeitsmedizin ca. 1200 dem Baubereich zuzurechnen. Um die Gesundheit, die Sicherheit und die Arbeitsfähigkeit der Arbeitnehmer zu gewährleisten, muss der Lärm am Arbeitsplatz so niedrig wie möglich sein.

Rechtliche Regelungen

Um eine Situation zu gewährleisten, in der eine Gefährdung des Gehörs durch Lärm weitgehend vermieden wird, werden durch die Richtlinie 2003/10/EG [27] Anforderungen festgelegt, die eine hohe Lärmbelastung der Arbeitnehmer vermeiden sollen. Sie ist durch die Lärm- und Vibrations-Arbeitsschutzverordnung [28] in deutsches Recht umgesetzt.

Entsprechend dieser Verordnung muss ein Arbeitgeber zunächst feststellen, ob die Beschäftigten Lärm ausgesetzt sind oder sein können. Ist dies der Fall, hat er alle hiervon ausgehenden Gefährdungen für die Gesundheit und Sicherheit der Beschäftigten zu beurteilen. Dazu hat er die auftretenden Expositionen am Arbeitsplatz zu ermitteln und zu bewerten. Der Arbeitgeber kann sich die notwendigen Informationen (z. B. Schallleistungspegel) beim Hersteller oder Inverkehrbringer von Arbeitsmitteln oder bei anderen freien Quellen beschaffen.

Tab. 5 Schallleistungspegel L_{WA} (Anhaltswerte) und relative Schalldruckpegel ausgewählter Geräte, Maschinen sowie Arbeitsverfahren, gewonnen aus Geräuschemissionsmessungen auf Baustellen und Angaben der Hersteller aus [24]

| | | Vor Inkrafttreten der Outdoor-Richtlinie 2000 [2] | | | | | | | | NOMEVAL-Bericht 2007 [24] | |
| | | Relative Schalldruckpegel in dB für die Oktaven mit der Mittenfrequenz in Hz | | | | | | | | vom Hersteller ermittelt und gekennzeichnet | ermittelt aus Messwerten im praktischem Betrieb |
Nr.	Baumaschinentyp	63	125	250	500	1000	2000	4000	L_{WA}	garantierter L_{WA}	tatsächlicher L_{WA}
1	Vibrationswalzen, Rüttelwerke	−30	−19	−15	−7	−6	−5	−10	100…108	98…113	95…125
2	Plattenrüttler, Bodenstampfer	−32	−24	−15	−7	−7	−6	−10	100…115	99…108	105…125
3	Planierraupe	−20	−15	−12	−9	−5	−6	−12	105…115	100…116	100…120
4	Radlader	−25	−16	−12	−7	−4	−7	−12	95…115	89…113	95…115
5	Straßenfertiger	−21	−7	−15	−7	−6	−7	−12	100	104…120	100…125
6	Bagger	−20	−15	−10	−7	−5	−7	−10	110	88…113	95…115
7	Betonbrecher, handgeführt	−37	−25	−19	−14	−10	−9	−5	110	103…113	100…130
8	Turmdrehkrane	−23	−15	−8	−6	−4	−10	−13	95…103	84…100	90…98
9	Schweiß- und Kraftstromerzeuger	−26	−19	−13	−8	−5	−8	−10	95…105	78…102	75…105
10	Kompressoren	−18	−8	−11	−8	−7	−8	−11	92…102	83…102	85…105
11	Kreissägemaschinen, Elektroantrieb	−40	−35	−27	−18	−9	−5	−4	108…112		100…125
12	Motorkettensägen, tragbar (Holzbrett schneiden)	−40	−16	−18	−6	−6	−7	−9	105		100…125
13	Beton- und Mörtelmischmaschinen	−18	−14	−8	−11	−9	−8	−11	96…108		100…130
14	Bohrgeräte	−30	−22	−14	−9	−4	−6	−10	110…115		95…120
15	Ankerbohrgerät (Schlagbohrer) in Fels	−40	−32	−24	−12	−6	−3	−7	110		110
16	Fugenschneider (Asphalt)	−40	−23	−17	−13	−8	−9	−5	115	96…114	100…120
17	Schlagrammen	−31	−26	−18	−11	−5	−4	−8	123…134	98…136	105…140
18	Vibrationsrammen	−22	−17	−12	−7	−7	−8	−11	125		125
19	Transportbetonmischer	−17	−19	−13	−6	−4	−7	−13	100	108…117	105…125
20	Betonpumpen	−19	−18	−13	−7	−4	−7	−12	105	77…105	100…130
21	Betonrüttler (Tauchrüttler, Flaschenrüttler)	−46	−36	−15	−10	−12	−7	−7	100…108		100…108
22	Lkw für Zuschlagstoffe, Sattelzug	−20	−16	−9	−5	−5	−9	−18	103…112		103…112
23	Lkw, Kiesschüttgeräusch	−37	−32	−22	−21	−6	−4	−6	115		115
24	Brecher für Bauschuttzerkleinerung (mobil)	−23	−19	−11	−8	−4	−6	−12	108…115		100…130
25	Betonschneiden mit Wasserstrahlverfahren (Luftverdichter und Wasserstrahlgeräusche)	−30	−13	−15	−9	−6	−4	−11	110…114		90…130
26	Schalungsarbeiten mit Hämmern (Flexen, Lkw, Zurufe, Schalungsphase)	−23	−19	−13	−10	−7	−4	−7	114…118		114…118

Tab. 6 Beurteilungspegel an Arbeitsplätzen von Geräten und Maschinen

Baumaschinentyp	Nennleistung (Masse, Volumen)	Beurteilungspegel in dB(A)	
		1970 bis 1980 ohne besondere Maßnahmen	1990 bis 2002 mit Schallschutz maßnahmen[a]
Bagger	16 bis 145 kW	86	70
Radlader	13 bis 155 kW	91	72
Muldenkipper	25 bis 200 kW	90	81
Grader	50 bis 150 kW	88	78
Planierraupen	70 bis 150 kW	85	75
Walzenzug	32 bis 82 kW	89	-
Plattenstampfer	1,5 bis 6,6 kW	89	-
Selbstaufstellerkrane	3 bis 10 kW	70	69
Turmdrehkrane	10 bis 35 kW	75	65
Mobilkrane	120 bis 315 kW	85	71
Hand-Hämmer (Masse)	18 bis 33 kg	97	89
Transportbeton-Mischer (Volumen)	7 bis 9 m^2	-	74

[a]In der geschlossenen Fahrerkabine bei eingeschalteter Lüftung gemessen.

In der Beurteilung muss der Arbeitgeber sicherstellen, dass folgende Auslöse- und Expositionsgrenzwerte (Tages-Lärmexpositionspegel $L_{\mathrm{EX,8h}}$ und Spitzenschalldruckpegel $L_{p\mathrm{C,peak}}$) eingehalten werden:

- Untere Auslösewerte: $L_{\mathrm{EX,8h}} = 80\,\mathrm{dB(A)}$ bzw. $L_{p\mathrm{C,peak}} = 135\,\mathrm{dB(C)}$
- Obere Auslösewerte: $L_{\mathrm{EX,8h}} = 85\,\mathrm{dB(A)}$ bzw. $L_{p\mathrm{C,peak}} = 137\,\mathrm{dB(C)}$

Lässt sich die Einhaltung der Auslöse- und Expositionsgrenzwerte rechnerisch nicht sicher ermitteln, hat er den Umfang der Exposition durch Messungen festzustellen. Dabei hat er sicherzustellen, dass Messungen nach dem Stand der Technik durchgeführt werden. Mess- und Beurteilungsverfahren nach dem Stand der Technik sind die DIN 45645-2 [29], die VDI-Richtlinien 2058 Blatt 2 und 3 [30, 31] und die ISO 1999 [32].

Einige typische Beispiele für Messwerte an Arbeitsplätzen sind in Tab. 6 angegeben. Die Werte der linken Spalte wurden in den Jahren 1970 bis 1980 gewonnen. In der rechten Spalte sind Messwerte an Baumaschinen aufgelistet, die das Umweltzeichen erhalten haben (s. Abschn. Deutschland unter „Umweltzeichen") bzw. die Vergabekriterien erfüllen.

Schutzmaßnahmen

Entsprechend dem Ergebnis der Gefährdungsbeurteilung hat der Arbeitgeber Schutzmaßnahmen nach dem Stand der Technik durchzuführen, um die Gefährdung der Beschäftigten durch Lärm auszuschließen oder so weit wie möglich zu verringern. Dabei muss die Lärmemission am Entstehungsort verhindert oder so weit wie möglich verringert werden, wobei technische vor organisato-rischen Maßnahmen durchzuführen sind. Das sind insbesondere:

1. alternative Arbeitsverfahren, welche die Exposition der Beschäftigten durch Lärm verringern,
2. Auswahl und Einsatz neuer oder bereits vorhandener Arbeitsmittel unter dem vorrangigen Gesichtspunkt der Lärmminderung,
3. die lärmmindernde Gestaltung und Einrichtung der Arbeitsstätten und Arbeitsplätze,
4. technische Maßnahmen zur Luftschallminderung, beispielsweise durch Abschirmungen oder Kapselungen, und zur Körperschallminderung, beispielsweise durch Körperschalldämpfung oder -dämmung oder durch Körperschallisolierung,
5. Wartungsprogramme für Arbeitsmittel, Arbeitsplätze und Anlagen,

6. arbeitsorganisatorische Maßnahmen zur Lärmminderung durch Begrenzung von Dauer und Ausmaß der Exposition und Arbeitszeitpläne mit ausreichenden Zeiten ohne belastende Exposition.

Werden dennoch die Auslöse- und Expositionsgrenzwerte (s. Abschn. Rechtliche Regelungen) erreicht oder überschritten, muss der Arbeitgeber den betroffenen Beschäftigten adäquaten persönlichen Gehörschutz zur Verfügung stellen (untere Auslösewerte) bzw. dafür Sorge zu tragen, dass der Beschäftigte den persönlichen Gehörschutz bestimmungsgemäß verwendet (obere Auslösewerte).

Die Geräuschbelastung am Arbeitsplatz im Baubetrieb ist in den letzten Jahren bereits erheblich zurückgegangen. Das liegt einerseits daran, dass für eine Reihe von Baumaschinen Emissionsgrenzwerte festgelegt worden sind, die das allgemeine Lärmniveau auf der Baustelle gesenkt haben. Das macht sich insbesondere bei Maschinen geringer Leistung bemerkbar, bei denen erhebliche Minderungen durch Maßnahmen an der Quelle erreicht worden sind. Andererseits sind die Fahrerkabinen akustisch und schwingungstechnisch stark verbessert worden, um den Bedienern einen höheren Komfort – auch im Sinne der Lärmbelästigung – zu gewährleisten. Zeitlich gemittelte Innengeräuschpegel von 70 dB(A) sind heute keine Seltenheit mehr. Derartig niedrige Werte sind allerdings nur bei Maschinen höherer Leistung zu erreichen, weil dann genügend Platz für die Anwendung optimaler Schallschutztechnik zur Verfügung steht.

3.2 Geräuschimmissionen in der Umgebung von Baustellen

In der Umgebung von Baustellen treten Lärmbelastungen auf, deren Besonderheit darin besteht, dass sie zwar im Allgemeinen nur vorübergehend sind (Wochen oder Monate, vereinzelt aber auch Jahre), wegen der teilweise geringen Abstände zwischen Baustelle und Nachbarschaft jedoch sehr hoch sein können. Andererseits ist es nicht möglich, den Betrieb von Baustellen wegen zu hoher Emissionen oder Immissionen zu verbieten.

Der Gesetzgeber kann somit für den Betrieb von Baustellen und die dadurch hervorgerufenen Geräuschbelastungen lediglich solche rechtliche Regelungen erlassen, die zum Ziele haben, die entstehenden Belastungen so gering wie möglich zu halten. Darüber hinaus können durch die für Geräuschauswirkungen zuständige Behörde Auflagen erlassen werden, die den Baustellenbetrieb durch baulich-konstruktive Vorgaben (Errichtung von Abschirmmaßnahmen) oder auch organisatorische Vorgaben (z. B. zeitliche Beschränkung geräuschintensiver Tätigkeiten) reglementieren. Kann eine Gesundheitsgefährdung nicht ausgeschlossen werden, kann auch eine vorübergehende Umquartierung der betroffenen Anwohner zu Lasten des Baustellenbetreibers (Bauherr) in Erwägung gezogen werden.

Immissionswerte in der Nachbarschaft, Deutschland

Baustellen werden in Deutschland als nicht genehmigungsbedürftige Anlagen im Sinne des Bundes-Immissionsschutzgesetzes (BImSchG) [25] angesehen. Sie unterliegen damit § 22 BImSchG und sind so zu errichten und zu betreiben, dass

- schädliche Umwelteinwirkungen verhindert werden, die nach dem Stand der Technik vermeidbar sind;
- die nach dem Stand der Technik unvermeidbaren schädlichen Umwelteinwirkungen auf ein Mindestmaß beschränkt werden.

Diese sehr generellen Anforderungen sind in der Allgemeinen Verwaltungsvorschrift (AVV) zum Schutz gegen Baulärm (Immissionen) [33] konkretisiert. Die Verwaltungsvorschrift ist bei der Ermittlung und Bewertung einer Baulärmbelastung von den in den Bundesländern zuständigen Behörden zu beachten. Sie legt einerseits zum Schutz der Nachbarschaft Immissionsrichtwerte in der Nachbarschaft von Baustellen fest und enthält andererseits Hinweise darauf, welche Maßnahmen die Behörde zur Vorsorge gegen schädliche Umwelteinwirkungen ergreifen soll, wenn diese Richtwerte überschritten werden.

Tab. 7 Beurteilungszeiten und Immissionsrichtwerte für Baustellen in der Nachbarschaft in Deutschland entsprechend AVV Baulärm [33]

	Beurteilungszeit (werktags)	
	tags 13 h (07:00–20:00 Uhr)	nachts 11 h (20:00–07:00 Uhr)
Beurteilungsgebiet	**Immissionsrichtwerte (außerhalb von Gebäuden)**	
Kurgebiete, Krankenhäuser und Pflegeanstalten	45 dB(A)	35 dB(A)
reine Wohngebiete	50 dB(A)	35 dB(A)
allgemeine Wohngebiete und Kleinsiedlungsgebiete	55 dB(A)	40 dB(A)
Kern-, Dorf- und Mischgebiete	60 dB(A)	45 dB(A)
Gewerbegebiete	65 dB(A)	50 dB(A)
Industriegebiete	70 dB(A)	70 dB(A)
Erhöhung der Immissionsrichtwerte um …	**bei Verkürzung der Betriebsdauer auf …**	
	(tags)	(nachts)
10 dB(A)	2,5 h	2 h
5 dB(A)	2,5 h–8 h	2 h–6 h

Die Immissionsrichtwerte der AVV entsprechenden im Wesentlichen denen der TA Lärm [34] (siehe Tab. 7 und Kap. Beurteilung von Schallimmissionen). Gegenüber der TA Lärm sind jedoch einige Besonderheiten anzumerken:

– Der Mittelungspegel (hier: Wirkpegel) wird als Taktmaximal-Mittelungspegel mit einer Taktzeit von 5 Sekunden ermittelt.
– Bei der Bestimmung des Beurteilungspegels aus dem Wirkpegel werden die Beurteilungszeiträume auf 13 Stunden tags (07:00 bis 20:00 Uhr) und 11 Stunden nachts (20:00 bis 07:00 Uhr) festgelegt.
– Bei der Bestimmung des Beurteilungspegels kann ein Lästigkeitszuschlag von bis zu 5 dB(A) berücksichtigt werden, wenn in dem Geräusch deutlich hörbare Töne hervortreten.
– Durch die Verwendung des Taktmaximal-Mittelungspegels ergeben sich automatisch erhöhte Immissionspegel, wenn die Geräusche impulshaltig sind. Ein Impulszuschlag kann also nicht vergeben werden.
– Verkürzte Arbeitszeiten werden bei der Beurteilung mit einer Erhöhung der Immissionsrichtwerte berücksichtigt.
– Folgende Beurteilungsgrößen werden entgegen der TA Lärm [34] nicht berücksichtigt:
  • Maximalpegel-Kriterium für den Tag
  • Geräuschbelastungs-Kriterium für Immissionsorte innerhalb von Gebäuden
  • Geräuschbelastung des Baustellenverkehrs auf öffentlichen Straßen
  • Tageszeiten mit erhöhter Empfindlichkeit
– Die Richtwerte sollen nach Möglichkeit eingehalten werden. Allerdings sollen die Aufsichtsbehörden erst dann einschreiten, wenn der ermittelte Beurteilungspegel die Immissionsrichtwerte um mehr als 5 dB(A) überschreitet (dieser Wert wird häufig auch als „Eingreifwert" bezeichnet). Diese Überschreitung entspricht sinngemäß dem Messabschlag von 3 dB gem. Ziff. 6.9 der TA Lärm. Hiermit wird auf die nur vorübergehende Einwirkzeit von Baustellen reagiert. Ist eine Überschreitung des „Eingreifwertes" gegeben, sollen Maßnahmen zur Minderung der Geräusche angeordnet werden.

Beispielhaft werden folgende Maßnahmen aufgeführt, die alle an der Quelle oder in ihrer Nähe ansetzen:

– Maßnahmen bei der Einrichtung der Baustelle,
– Maßnahmen an den Baumaschinen,
– Verwendung geräuscharmer Baumaschinen,
– Anwendung geräuscharmer Bauverfahren,
– Beschränkung der Betriebszeiten lautstarker Baumaschinen,

– Anleitung des Personals, die verhaltensbeding-
ten Geräusche (Hammerschläge, Bretterwer-
fen, laute Zurufe etc.) zu minimieren.

Von der Anordnung solcher Maßnahmen kann
gem. Ziff. 4.1. der AVV Baulärm [33] die Behörde
absehen, soweit durch den Betrieb von Baumaschinen infolge nicht nur gelegentlich einwirken-
der Fremdgeräusche keine zusätzlichen Gefahren,
Nachteile oder Belästigungen eintreten. Diese
Einschränkung ist jedoch nicht so zu verstehen,
dass dies den einzigen Tatbestand darstellt, bei
dem die Behörde auf Anordnungen verzichten
kann. So ist denkbar, dass selbst ohne dauerhaft
einwirkende Fremdgeräusche eine Überschreitung der „Eingreifwerte" als dem Anwohner
zumutbar angesehen werden kann.

Voraussetzung für eine solche Entscheidung
wird regelmäßig aber sein, dass die Behörde sach-
gerecht abgewogen hat. Einerseits muss der Baustellenbetreiber darlegen, dass er zunächst den
Stand der Technik einhält und darüber hinaus
„vermeidbaren Lärm" (unter Berücksichtigung
der Verhältnismäßigkeit) durch ergänzende Maßnahmen auch vermeidet und der verbleibende
„unvermeidbare Lärm" nicht die Grenze der Gesundheitsgefährdung erreicht. Aus dem Gebot der
gegenseitigen Rücksichtnahme kann dann auch
eine Überschreitung der „Eingreifwerte" als zumutbar erachtet werden, was insbesondere beim
Bauen im innerstädtischen Bereich aufgrund der
geringen Abstände zwischen Baustelle und Anwohner eine Rolle spielt. Demzufolge erfolgt die
Interpretation seitens der jeweils zuständigen
Behörde, ob nun Minderungsmaßnahmen angeordnet werden oder nicht, durchaus unterschiedlich.

Zur Beurteilung, ob Geräusche von Baumaschinen nach dem Stand der Technik vermeidbar
sind, sollen im Hinblick auf die Geräuschemission
fortschrittliche Maschinen derselben Bauart und
vergleichbarer Leistung, die sich im Betrieb
bewährt haben, herangezogen werden. Das entspricht im Wesentlichen der Definition des Standes der Technik des BImSchG [25]. Damit Baumaschinen dem Stand der Technik entsprechen
müssen sie den Kriterien der Outdoor-Richtlinie
[2] bzw. der deutschen Umsetzung 32. BImSchV
[7] entsprechen.

Über die Anforderungen der 32. BImSchV
hinaus geht das Umweltzeichen „Blauer Engel"
(s. Abschn. Deutschland). Da die Beantragung
des Umweltzeichens auf freiwilliger Basis des
jeweiligen Baumaschinenherstellers basiert, sind
nicht alle Baumaschinen auch als lärmarme Ausführung erhältlich.

Bei innerstädtischen Baustellen lässt es sich
aber häufig selbst beim Einsatz von Baumaschinen
(und -verfahren) nach dem Stand der Technik
sowie organisatorischen und anderen Maßnahmen
häufig nicht vermeiden, dass die Immissionsrichtwerte der AVV dennoch teilweise deutlich
überschritten werden. Sind auch durch baulich-
konstruktive Maßnahmen (wie z. B. Baugerüste
mit Schallschutztafeln) die mit verhältnismäßigen
Mitteln erreichbaren Minderungen ausgeschöpft,
bleiben nur noch die Reduzierung der Anzahl zeit-
gleich betriebener Baumaschinen und/oder die
zeitliche Beschränkung der täglichen Einsatzdauer
als Maßnahmen übrig. Hier gilt es allerdings abzu-
wägen, ob eine Einschränkung der Anzahl zeit-
gleich betriebener Baumaschinen oder auch eine
zeitliche Beschränkung tatsächlich eine Lösung im
Sinne der Anwohner darstellt, da beide Ansätze
eine Verlängerung der Bauzeit nach sich ziehen.
Eine Reduzierung der Anzahl gleichartiger Baumaschinen auf die Hälfte führt rechnerisch letztlich
nur zu einer Pegelreduktion um 3 dB bei gleich-
zeitiger Verdoppelung der Einsatzdauer. Hier ist es
in der Regel sinnvoller, die Anwohner über diese
Zusammenhänge zu informieren und um Verständ-
nis zu werben. Eine Information der Anwohner bei
der die untersuchten Minderungsansätze zum einen
vorgestellt werden, aber auch die Bauabläufe in
ihrer erwarteten Dauer dargestellt werden, helfen
Konflikte zwischen den Parteien abzubauen.

Maximalpegel (tags), Deutschland

Die AVV Baulärm [33] enthält kein Kriterium für
die Beurteilung kurzzeitiger Pegelspitzen im Ta-
geszeitraum (07:00–20:00 Uhr). Dies ist jedoch
nicht gleichbedeutend mit einer Zulässigkeit kurzzeitiger Pegelspitzen in unbegrenzter Höhe im Einzelfall kann es daher durchaus gerechtfertigt sein,
sich über die maximal zulässigen Pegelspitzen
Gedanken zu machen. Die Grenze zulässiger
Pegelspitzen wird regelmäßig erreicht werden,

sobald eine Gesundheitsgefährdung nicht mehr ausgeschlossen werden kann. In Anlehnung an die TA Lärm [34], die Pegelspitzen zulässt, die 30 dB über dem jeweiligen Immissionsrichtwert liegen, wäre ein möglicher Ansatz, die durch Baulärm hervorgerufenen Pegelspitzen auf $L_{AFmax} = 90$ dB(A) zu begrenzen. Dies entspräche dem Kriterium der TA Lärm für die Schutzbedürftigkeit einer Mischgebietsausweisung gemäß Baunutzungsverordnung, das heißt, einer Gebietsausweisung, die noch eine uneingeschränkte Wohnnutzung zulässt. Im Gegensatz zu einer Gebietsausweisung „Gewerbegebiet" oder auch „Industriegebiet" kann bei einem „Mischgebiet" in jedem Fall davon ausgegangen werden, dass Personen ohne besondere Vorkehrungen gegenüber besonderen Geräuschquellen, wie sie in Gewerbe- und/oder Industriebetrieben vorkommen können und erwartet werden, dennoch ausreichend geschützt sind. Eine „sture" Übertragung der Kriterien der TA Lärm erscheint hingegen nicht angezeigt, da der Verordnungsgeber der AVV Baulärm bewusst kein Spitzenpegelkriterium für den Tag, sehr wohl aber für die Nacht aufgenommen hat.

Geräuschbelastung durch Baustellenverkehr auf öffentlichen Straßen, Deutschland

Die AVV Baulärm [33] enthält kein Kriterium für die Geräuschbelastung durch Baustellenverkehr auf öffentlichen Straßen. Aber auch dieser Aspekt gehört zu einer vollständigen Beurteilung der Situation dazu. Hier empfiehlt es sich ebenfalls, ersatzweise die Regelungen der TA Lärm [34] heranzuziehen.

Demnach wären Geräusche durch Baufahrzeuge durch organisatorische Maßnahmen soweit wie möglich zu vermindern, wenn:

- der Beurteilungspegel, ermittelt gemäß auf Grundlage der RLS-90 [35], den Verkehrsgeräuschpegel um mindestens 3 dB rechnerisch erhöht und
- keine Vermischung mit dem übrigen Verkehr erfolgt und
- die Immissionsgrenzwerte der 16. BImSchV [36] erstmalig oder weitergehend überschritten werden.

Die Verfahren der RLS-90 und der 16. BImSchV werden im Kap. Beurteilung von Schallimmissionen näher erläutert.

Immissionswerte innerhalb von Gebäuden, Deutschland

Die AVV Baulärm [33] regelt lediglich die Ermittlung und Beurteilung von Baulärmimmissionen in der Nachbarschaft, soweit sie durch Luftschall übertragen werden. Analog der Ansätze der TA Lärm [34] liegt auch bei der AVV Baulärm der Immissionsort 0,5 m vor dem geöffneten Fenster. Durch Baumaschinen können aber durchaus auch körperschall-induzierte Geräuschabstrahlungen an Immissionsorten innerhalb von Gebäuden hervorgerufen werden. Beispiele hierfür sind der Einsatz von Vibrationswalzen oder auch Stemmarbeiten an Fundamenten des Nachbargebäudes, aber auch beispielsweise der Umbau eines fremden Ladengeschäfts, der eine Baulärmbelastung in den darüber liegenden Büroräumen erzeugt.

Die dabei hervorgerufenen Geräuschbelastungen innerhalb des fremden Gebäudes können ebenfalls eine unzumutbare Geräuschbelästigung darstellen. Da die Immissionsrichtwerte der AVV Baulärm zahlenmäßig identisch zu den Immissionsrichtwerten der TA Lärm sind, könnte man geneigt sein, die Richtwerte der TA Lärm für Immissionsorte innerhalb von Gebäuden ersatzweise heranzuziehen. Dies wären dann Beurteilungspegel in Höhe von $L_{r,tags} = 35$ dB(A) und $L_{r,nachts} = 25$ dB(A). Hierbei gäbe es eine keine Unterscheidung der Schutzbedürftigkeiten unterschiedlicher Nutzungen („Wohnen", „Büro", „Ladengeschäft", „Schule" etc.) mehr, die es jedoch bei anderen Regelwerken wie z. B. der VDI 2719 (Schalldämmung von Fenstern und ihren Zusatzeinrichtungen) [37] durchaus gibt. Dennoch stellt sich natürlich auch hier die Frage der Zumutbarkeit von Geräuschimmissionen. Da es keine einheitliche Beurteilungsgrundlage gibt, wird umso mehr unter dem Gesichtspunkt der konkreten Einschränkung (z. B. telefonieren ist in einem Büro bzw. Callcenter nicht mehr möglich) im Einzelfall in Zusammenarbeit mit den Beteiligten der als zulässig ansehbare Beurteilungspegel festzulegen sein. Gerade in diesem Zusammenhang bewährt es sich, konkrete tägliche Zeitfenster für geräuschintensive Arbeiten gemeinsam festzulegen, so dass es für beide Seiten eine Planungssicherheit gibt.

Immissionswerte in der Nachbarschaft, Ausland

Es gibt unterschiedlichste Lösungen zur Regulierung von Baulärm. Während einige Staaten nationale Normen und Richtlinien festgelegt haben, gibt es einige, die besser mit lokalen Regelungen fahren. Teilweise gibt es auf nationaler Ebene zwar keine Gesetze aber anerkannte Empfehlungen bzw. Leitfäden, die dann durch die lokalen Baubehörden befolgt und umgesetzt werden.

Wenn Regelungen oder Handlungsempfehlungen in einem Staat existieren, sind die Möglichkeiten der Regulierung häufig auf ähnliche Weise angewandt. Üblicherweise werden die folgenden Grenzen gesetzt:

- Geräuschgrenzen:
  - Maximale maschinenspezifische Geräuschemissionsgrenzen
  - Geräuschimmissionsgrenzen (äquivalente Dauerschallpegel und/oder Spitzenpegel)
- Lokale Grenzen:
  - Einwirkungsgebiet (z. B. Wohngebiet, Mischgebiet, Industriegebiet)
  - Abstandsregelungen
- Temporale Grenzen:
  - Tages-, Ruhe- und Nachtzeit
  - Werk-, Sonn- und Feiertage

Zusätzlich bieten sich weitere regulative Stellschrauben an, die Häufigsten sind:

- Belästigungszuschläge (z. B. für Tonalität, Impulshaltigkeit, Modulationsgrad)
- Abhängigkeit vom vorherrschenden Umgebungslärmpegel
- Staffelungen von Grenzwerten bzw. Betriebszeiten abhängig von der geplanten Dauer der Bautätigkeiten
- Verpflichtung zur Planung der Baustelle mit Geräuschprognose
- Begleitende Geräuschmessungen
- Verpflichtung zur Verwendung lärmarmer Baumaschinen und -verfahren
- Monetäre Anreize

- Information oder Beteiligung der Öffentlichkeit

Das Spektrum unterschiedlicher Herangehensweisen soll im Folgenden anhand ausgewählter Länder aufgezeigt werden.

Australien

In Australien hat jeder Bundesstaat seine eigenen Ansätze zur Verminderung von Baulärm. Diese sind so grundverschieden, dass im Folgenden auf jede Regelung speziell eingegangen wird.

In Western Australia [38] wird Lärm allgemein und Baulärm im Besonderen durch Festlegung von 1 %- und 10 %-Perzentil- sowie Maximalpegelkriterien begrenzt. Dabei wird in Wohngebieten zusätzlich auch zwischen Tag, Abend und Nacht sowie Werk- und Sonntag unterschieden. Tab. 8 zeigt diese Immissionswerte. Besonders interessant ist hier, dass die Pegelgrenzen durch einen sogenannten Einflussfaktor variabel erhöht werden. Dieser Faktor errechnet sich aus dem Flächenverhältnis zwischen reiner Wohn-, industrieller und gewerblicher Nutzung sowie dem Verkehrsaufkommen in einem Umkreis um den Immissionsort ($r = 450$ m) auf der Flächennutzungskarte und kann den Immissionsrichtwert theoretisch um einen zweistelligen dB-Betrag erhöhen.

Im Northern Territory [39] darf werktags zwischen 07:00 Uhr und 19:00 Uhr und auch sonn- und feiertags von 09:00 Uhr bis 18:00 Uhr gebaut werden. Darüber hinaus ist hier während der Bauzeiten der äquivalente Dauerschallpegel abhängig vom Einwirkgebiet begrenzt:

- Wohngebiete:
  Umgebungsgeräuschpegel + 5 dB(A)
- Mischgebiete: 60 dB(A)
- Gewerbegebiete: 65 dB(A)
- Industriegebiete: 70 dB(A)

Bautätigkeiten in South Australia [40] dürfen grundsätzlich nur werktags zwischen 07:00 Uhr und 19:00 Uhr stattfinden. Wenn der äquivalente Dauerschallpegel 45 dB(A) bzw. der Maximalschalldruckpegel 60 dB(A) (bzw. eine höherer Umgebungsgeräuschpegel) unterschreitet, darf dort auch nachts gearbeitet werden. Ausnahmen

Tab. 8 Immissionsrichtwerte in der Nachbarschaft in Western Australia entsprechend [38]

Gebiet	Zeit	L_{A10}[a]	L_{A1}[b]	$L_{A,max}$[c]
Wohngebiet	07:00–19:00 Uhr werktags	45 dB(A) + EF[d]	55 dB(A) + EF[d]	65 dB(A) + EF[d]
	09:00–19:00 Uhr sonn-, feiertags	40 dB(A) + EF[d]	50 dB(A) + EF[d]	65 dB(A) + EF[d]
	19:00–22:00 Uhr	40 dB(A) + EF[d]	50 dB(A) + EF[d]	55 dB(A) + EF[d]
	22:00–07:00(sonntags -09:00) Uhr	35 dB(A) + EF[d]	45 dB(A) + EF[d]	55 dB(A) + EF[d]
Mischgebiet, Gewerbegebiet	jederzeit	60 dB(A)	75 dB(A)	80 dB(A)
Industriegebiet	jederzeit	65 dB(A)	80 dB(A)	90 dB(A)
Industriegebiet Kwinana	jederzeit	75 dB(A)	85 dB(A)	90 dB(A)

[a]Schalldruckpegel am Immissionsort, der in 10 % der Messzeit überschritten werden darf
[b]Schalldruckpegel am Immissionsort, der in 1 % der Messzeit überschritten werden darf
[c]Maximalschalldruckpegel am Immissionsort. Dieser darf nicht überschritten werden.
[d]EF ist der Einflussfaktor, der das Flächennutzungsverhältnis Wohnen/Gewerbe/Verkehr in einem Umkreis von 450 m um den Immissionsort repräsentiert.

von dieser Beschränkung dürfen insbesondere gemacht werden, wenn durch zeitlich begrenzte Bauzeiten ein unverhältnismäßiger Eingriff in den Fahrzeug- bzw. Fußgängerverkehr entstehen würde.

In Queensland [41] darf Baulärm grundsätzlich nur werktags zwischen 06:30 Uhr und 18:30 Uhr erzeugt werden.

In Tasmanien [42] wiederum wird ein emissionsseitiger Ansatz verfolgt, vergleichbar mit der 32. BImSchV [7] in Deutschland. So dürfen bestimmte Maschinen nur betrieben werden, wenn deren Schallleistungspegel niedriger als ein festgelegter Grenzwert ist. Weiterhin dürfen die Maschinen werktags zwischen 07:00 Uhr und 18:00 Uhr, samstags je nach Maschinentyp zwischen 08:00/9:00 Uhr und 18:00 Uhr und auch sonn- und feiertags von 10:00 Uhr bis 18:00 Uhr betrieben werden.

Schließlich gibt es in New South Wales und Victoria lediglich Ermächtigungen an die lokalen Verwaltungen, den Baulärm angemessen zu regulieren.

Dänemark

In Dänemark existiert keine rechtliche Regelung, die explizit den Baulärm behandelt. Allerdings können bei Beschwerden der Nachbarschaft Maßnahmen ergriffen werden. Anhaltswerte für nicht zumutbare Lärmbelastungen geben die rechtlichen Regelungen hinsichtlich Lärm von Industrie- und Gewerbeanlagen [43], die unter Berücksichtigung der Eigenheiten des Baulärms (zeitlich begrenzte Belastung) angewendet werden können.

Großbritannien

Es sind keine landesweit einheitlichen Immissionswerte für Baulärm in der Wohnnachbarschaft festgelegt. Es wird davon ausgegangen, dass Probleme des Baulärms besser auf lokaler oder kommunaler Ebene diskutiert und gelöst werden können. Deshalb wird es den Behörden vor Ort überlassen, im Einzelfall über zulässige Immissionswerte für den Baulärm in der Wohnnachbarschaft zu entscheiden. Der Bauausführende kann vor Baubeginn von der Behörde eine Einverständniserklärung zu den vorgesehenen Baumaßnahmen einholen. Nähere Einzelheiten zum Vorgehen und zu den Grundlagen des Baulärms enthält die Norm BS 5228 [44].

Hongkong

Während der Nachtzeit (19:00 bis 07:00 Uhr) und an gesetzlichen Feiertagen ganztägig müssen Bauarbeiten genehmigt werden. Insbesondere Rammarbeiten (häufige Bautätigkeit in Hongkong zur Landgewinnung) dürfen jedoch nur werktags von 07:00 bis 19:00 Uhr mit Genehmigung durchgeführt werden. Die Genehmigung erteilt die zuständige Behörde (das Umweltschutzressort), die die entsprechenden Immissionswerte festlegt und deren Einhaltung überprüft. Während der übrigen Zeiten (werktags tagsüber) ist das

Bauen in Hongkong aus Lärmsicht keinen Restriktionen unterworfen. [45]

Niederlande

In den Niederlanden existierten bis 2012 keine rechtlichen Regelungen zum Schutz gegen Baulärm in der Wohnnachbarschaft; entsprechende Regelungen durften jeweils auf kommunaler Ebene erlassen werden. Im Jahr 2011 hat die Regierung den „Bouwbesluit 2012" [46] veröffentlicht, in dem Lärm von Bau- und Abrissarbeiten auf nationaler Ebene schließlich geregelt wurden. Der Lärmminderungsansatz in den Nieder-landen reguliert die Dauer der Bautätigkeiten in Abhängigkeit des äquivalenten Dauerschallpegels der Baustelle zur Tageszeit an Werktagen.

Eine Baustelle muss genehmigt werden, wobei der Betreiber nachweisen muss, dass er die Anforderungen in Tab. 9 einhält. Manchmal können diese Anforderungen nicht eingehalten werden, z. B. ist der Baustellenbetrieb nachts oder samstags notwendig, oder der Maximalpegel von 80 dB(A) wird überschritten. Dann darf die Baustelle grundsätzlich nur noch mit Baumaschinen und -verfahren betrieben werden, die dem Stand der Lärmminderungstechnik entsprechen. Diese Ausnahmen müssen von den örtlichen Behörden genehmigt werden, meist auch in Kombination mit weiteren Auflagen wie spezifischen Geräuschpegelgrenzen, Pausenzeiten und Einbeziehung der Anwohner in die Planungsphase der Baustelle.

Österreich

Der Schutz gegen Lärm im Allgemeinen und gegen Baulärm speziell wird in den einzelnen Bundesländern geregelt. Hier wurden unterschiedliche Lösungen gefunden.

In Kärnten gibt es die allgemeine Vorschrift [47], dass Baulärm zu vermeiden ist (allerdings gibt es keine Grenz- oder Richtwerte).

In Oberösterreich [48] dürfen Bauarbeiten in allen Gebieten, ausgenommen Industriegebieten, nur werktags von 6:00 bis 20:00 Uhr (in Wohn- und Kurgebieten samstags nur 7:00 bis 14:00 Uhr) vorgenommen werden. Darüber hinaus dürfen Beurteilungspegel von 55 dB in Wohn- und Kurgebieten bzw. von 70 dB in allen anderen

Tab. 9 Maximale Bauzeit einer Baustelle in den Niederlanden entsprechend [46]

äquivalenter Dauerschallpegel am Immissionsort	maximale Betriebsdauer der Baustelle[a]
$\leq$ 60 dB(A)	unbegrenzt
> 60 dB(A)	50 Tage
> 65 dB(A)	30 Tage
> 70 dB(A)	15 Tage
> 75 dB(A)	5 Tage
> 80 dB(A)	0 Tage

[a]Die Baustelle darf dabei nur montags bis freitags zwischen 07:00 und 19:00 Uhr betrieben werden.

Baulandgebieten nicht überschritten werden. Wiederkehrende Lärmspitzen dürfen 85 dB nicht überschreiten.

In Wien dürfen Bauarbeiten nicht in den Nachtstunden von 20:00 bis 06:00 Uhr durchgeführt werden [49].

In Tirol [50] wurden Immissionsgrenzwerte (siehe Tab. 10) für einzelne Gebietskategorien festgelegt, vergleichbar mit der Regelung in Deutschland. In Tirol beträgt die Differenz zwischen Tages- und Nachtimmissionsgrenzwerten 10 dB. Die Grenzwerte müssen nicht nur am maßgeblichen Immissionsort, sondern an jedem Messpunkt im Bereich der vom Baulärm betroffenen Gebäude bzw. Grundflächen eingehalten werden. Überschreitet der der Dauerschallpegel des Verkehrslärms an einem Messpunkt für sich die Grenzwerte, so gilt dieser als Grenzwert für den Beurteilungspegel des Baulärms.

In den anderen österreichischen Bundesländern gibt es keine entsprechenden Vorschriften.

Schweiz

In der Schweiz enthält die Baulärmrichtlinie [51] Weisungen an die zuständigen Vollzugsbehörden. Danach müssen bei hohen und lang andauernden Belastungen durch Baulärm Maßnahmen ergriffen werden, die sich richten nach

- dem Abstand zwischen Baustelle und den nächstgelegenen lärmempfindlichen Räumen;
- der Tageszeit, während derer die Bauarbeiten ausgeführt werden;
- der Lärmempfindlichkeit der betroffenen Gebiete;

Tab. 10 Immissionsgrenzwerte in der Nachbarschaft einer Baustelle in Tirol entsprechend [50]

Beurteilungsgebiet	Beurteilungszeit	
	7–20 Uhr	20–7 Uhr samstags ab 12 Uhr sonntags
	Grenzwerte (an jedem Messpunkt im Bereich der vom Baulärm betroffenen Gebäude bzw. Grundflächen)	
Krankenhäuser, Alten- und Pflegeheimen, Kuranstalten und Kureinrichtungen, Erholungsheime, Säuglings- und Kinderheime und ähnliche Einrichtungen	45 dB(A)	35 dB(A)
Wohngebiete	50 dB(A)	40 dB(A)
gemischte Wohngebiete, Tourismusgebiete	55 dB(A)	45 dB(A)
Kerngebiete, landwirtschaftliche Mischgebiete	60 dB(A)	50 dB(A)
allgemeine Mischgebiete	65 dB(A)	55 dB(A)
Gewerbegebiete, Industriegebiete	70 dB(A)	60 dB(A)
Erlaubte Überschreitung der Grenzwerte um …	6 dB(A)	4 dB(A)	2 dB(A)
bei Dauer der Baustelle …	bis 3 Tage	bis 1 Woche	bis 1 Monat

– der lärmintensiven Bauphase respektive der Dauer der lärmintensiven Bauarbeiten.

Das Schweizerische Bundesamt für Umwelt (BAFU) führt einen Maßnahmenkatalog. Darin sind die bekannten lärmemissionsbegrenzenden Maßnahmen aufgelistet. Der Katalog ist nicht abschließend und entbindet nicht von der Pflicht, gegebenenfalls weitere, im Maßnahmenkatalog nicht enthaltene Maßnahmen zur Begrenzung von Baulärm anzuordnen. Es gibt folgende drei übergeordnete Maßnahmengruppen:

– Planung und Projektierung
– Bauausführung
– Lärmminderndes Verhalten (Anleitung für Baupersonal)

Die in diesen Gruppen enthaltenen Maßnahmen werden dabei in die Stufen A, B und C eingeteilt, wie Tab. 11 zeigt. Unter anderem wird auch Wert gelegt auf eine Einordnung des der Baustelle zuzurechnenden Straßenverkehrs. Die Richtlinie ist jedoch zu komplex, um sie hier in allen Einzelheiten vorstellen zu können. Je nach Situation können zum Beispiel

– in Entfernungen über 300 m zur Nachbarschaft tagsüber (außer zur Mittagsruhe) beliebige Baumaschinen eingesetzt werden (keine Maßnahmen);
– in Entfernungen unter 300 m zur sehr lärmempfindlichen Nachbarschaft bei lärmintensiven Bauarbeiten (z. B. Rammen, Sägen) tagsüber nur dem neuesten Stand der Technik entsprechende Baumaschinen (z. B. solche mit dem deutschen Umweltzeichen „Blauer Engel" [19]) eingesetzt werden, auch wenn das zu wesentlichen Behinderungen des Bauablaufes führen sollte (Maßnahmen der Stufe C).

Schweden

In Schweden gelten in der Nachbarschaft von Baustellen die in Tab. 12 zusammengestellten Immissionsgrenzwerte. Erwähnenswert ist hier, dass in Schweden die Grenzwerte nicht für Gebiete, sondern für den Außen- und Innenbereich von Gebäuden mit bestimmter Nutzung gelten. Darüber hinaus gibt es nachts wie in Deutschland auch Maximalpegelkriterien, jedoch nur für Gebäude mit Wohnnutzung.

Ist die Bauzeit nicht länger als zwei Monate, dürfen die Grenzwerte um 5 dB(A) überschritten werden. Kurzzeitige Geräuschspitzen von nicht mehr als 5 Minuten pro Stunde dürfen die Grenzwerte um 10 dB(A) überschreiten, jedoch nicht abends oder nachts [52].

Tab. 11 Anforderungen an die Maßnahmenstufen in der Schweiz entsprechend [51]

Maßnahmenstufe	Bauarbeiten, lärmintensive Bauarbeiten und Bautransporte sind durch Maßnahmen:	Maschinen, Geräte und Transportfahrzeuge entsprechen:
A	nicht beeinflusst	der Normalausrüstung
B	beschränkt beeinflusst	dem anerkannten Stand der Technik[a]
C	erheblich beeinflusst	dem neuesten Stand der Technik[b]

[a]orientiert sich an den Umweltkriterien bestehender EU-Richtlinien
[b]entspricht den Anforderungen des deutschen Umweltzeichens RAL-UZ 53

Tab. 12 Immissionsgrenzwerte für Gebäude in der Nachbarschaft von Baustellen in Schweden entsprechend [52]

Betroffene Gebäude		Montag bis Freitag		Samstag, Sonntag, Feiertag		jeden Tag	
		7–19 Uhr L_{Aeq}	19–22 Uhr L_{Aeq}	7–19 Uhr L_{Aeq}	19–22 Uhr L_{Aeq}	22–7 Uhr L_{Aeq}	22–7 Uhr L_{AFmax}
Wohn-, Ferienhäuser	außen	60 dB(A)	50 dB(A)	50 dB(A)	45 dB(A)	45 dB(A)	70 dB(A)
	innen	45 dB(A)	35 dB(A)	35 dB(A)	30 dB(A)	30 dB(A)	45 dB(A)
Pflegeeinrichtungen	außen	60 dB(A)	50 dB(A)	50 dB(A)	45 dB(A)	45 dB(A)	-
	innen	45 dB(A)	35 dB(A)	35 dB(A)	30 dB(A)	30 dB(A)	45 dB(A)
Klassenzimmer	außen	60 dB(A)	-	-	-	-	-
	innen	40 dB(A)	-	-	-	-	-
Büroarbeitsräume, die für Tätigkeiten vorgesehen sind, die eine erhöhte Konzentration erfordern	außen	70 dB(A)	-	-	-	-	-
	innen	45 dB(A)	-	-	-	-	-

Singapur

In Singapur ist bemerkenswert, dass außer dem Schutz vor Baulärm nur noch Lärm von Industrieanlagen gesetzlich geregelt ist [53]. Regelungen zum Schutz gegen Verkehrslärm findet man hier zum jetzigen Zeitpunkt bislang nicht. Erklärt wird dies mit der dauerhaft schnellen Entwicklung von Infrastruktur in einem flächenmäßig eingeschränkten Staat. Die momentan geltenden Grenzwerte für neue Baustellen zur Regulierung von Baulärm sind deshalb vergleichsweise hoch (s. Tab. 13). Es gilt hier (für Wohngebäude) die lauteste Nachtstunde als Beurteilungszeit. Ansonsten dürfen hier kurzzeitige Geräuschspitzen von nicht mehr als 5 Minuten auftreten, die die Grenzwerte tagsüber um 15 dB(A) und abends/nachts um 5 dB(A) überschreiten würden. In Wohngebäuden dürfen zwischen 22:00 und 7:00 Uhr auch die lautesten 5 Minuten nicht lauter sein als die lauteste Stunde.

Besonders ist weiterhin, dass die Entwicklung in Singapur auch anhand der raschen Änderung der (Baulärm-)Gesetzeslage zu erkennen ist. So dürfen und durften Baustellen, die bis zum 1. September 2010 begonnen wurden, auch an Sonn- und Feiertagen (auch nachts) betrieben werden. Auf bis zum 1. September 2011 begonnenen Baustellen darf und durfte dann in der Nacht zu Sonn- und Feiertagen nicht mehr gearbeitet werden. Inzwischen gibt es ein neues Arbeitsschutzgesetz in Singapur, das die Sonn- und Feiertagsarbeit verbietet. Deshalb ist derzeit auch auf Baustellen vom Samstag/Abend vor einem Feiertag 22:00 Uhr bis zum Montag/Tag nach einem Feiertag 7:00 Uhr Arbeitsstopp.

4 Geräuschbegrenzung und Schallschutzmaßnahmen

Um die Gefahr von Gesetzesverstößen auszuschließen und unnötigen Ärger mit den Nachbarn zu vermeiden, ist es wichtig, Baustellen auch unter schalltechnischen Gesichtspunkten zu planen, einzurichten und zu betreiben.

Tab. 13 Immissionsgrenzwerte für durch Baulärm betroffene Gebäude in Singapur entsprechend [53]

Betroffene Gebäude	Montag bis Samstag[a]		
	7–19 Uhr	19–22 Uhr	22–7 Uhr
Krankenhäuser, Schulen, Hochschulen, Altenpflegeheime, etc.	60 dB(A) ($L_{eq,12h}$)	50 dB(A) ($L_{eq,12h}$)	
	75 dB(A) ($L_{eq,5min}$)	55 dB(A) ($L_{eq,5min}$)	
Wohngebäude, die weniger als 150 m von der Baustelle entfernt sind	75 dB(A) ($L_{eq,12h}$)	65 dB(A) ($L_{eq,1h}$)	55 dB(A) ($L_{eq,1h}$)
	90 dB(A) ($L_{eq,5min}$)	70 dB(A) ($L_{eq,5min}$)	55 dB(A) ($L_{eq,5min}$)
alle anderen Gebäude	75 dB(A) ($L_{eq,12h}$)	65 dB(A) ($L_{eq,12h}$)	
	90 dB(A) ($L_{eq,5min}$)	70 dB(A) ($L_{eq,5min}$)	

[a]Von samstags bzw. dem Tag vor einem Feiertag um 22:00 Uhr bis montags bzw. dem Tag nach einem Feiertag 7:00 Uhr darf nicht gearbeitet werden.

4.1 Beschwerden über unzureichende Geräuschbegrenzung und Schallschutzmaßnahmen

Beschwerden über die Geräuschbelastung durch Baulärm können typischerweise zwei, zunächst voneinander unabhängige Zielrichtungen aufweisen:

- Die Behörde soll einschreiten und Minderungsmaßnahmen anordnen (verwaltungsrechtlicher Aspekt).
- Es werden Entschädigungsleistungen wegen der Einschränkung der Gebrauchstauglichkeit geltend gemacht (zivilrechtlicher Aspekt).

Bei Lärmschutzbehörden werden besonders häufig folgende Lärmstörungen gemeldet:

- Überschreitung der vereinbarten und behördlich festgelegten Betriebszeiten, insbesondere zu zeitiger Beginn lärmintensiver Bautätigkeiten (z. B. 06:00 Uhr statt 07:00 Uhr),
- für unzumutbar gehaltene Höhe der Geräuschbelastung,
- unnötiger oder unnötig lauter Betrieb von Baumaschinen,
- nächtlicher Betrieb von Geräten auf der Baustelle (wie z. B. Baustellenentwässerungspumpen),

Die Behörde hat dann zunächst zu prüfen, ob Gefahr im Verzug ist und damit unmittelbar Anordnungen zu treffen sind. Ist dies nicht der Fall, wird sie prüfen, ob die „Eingreifwerte" der AVV Baulärm [33] (Immissionsrichtwerte + 5 dB, siehe Abschn. Immissionswerte in der Nachbarschaft, Deutschland) überschritten sind und sie somit Minderungsmaßnahmen gemäß AVV Baulärm anordnen soll. Bevor eine behördliche Anordnung umgesetzt wird, erhält der Baustellenbetreiber (Bauherr) üblicherweise die Möglichkeit zur Stellungnahme. Hier kann er darlegen, inwieweit er Minderungsmaßnahmen geprüft und umgesetzt hat. Sofern er Minderungsnahmen ergriffen haben sollte, wäre im nächsten Schritt zu klären, ob es sich bei der verbleibenden Geräuschbelastung um „unvermeidbaren Lärm" handelt und eine Gesundheitsgefährdung ausgeschlossen werden kann. In diesem Fall kann die Behörde von der Anordnung weiterer Maßnahmen absehen.

Sollten hingegen keine Maßnahmen zur Geräuschminderung ergriffen worden sein, und sind darüber hinaus Minderungsmaßnahmen verhältnismäßig, muss der Baustellenbetreiber mit Auflagen rechnen. Es können z. B: baulich-konstruktive Maßnahmen angeordnet werden. Diese können u. U. aufgrund des bereits umgesetzten Baustellenkonzeptes gar nicht mehr ohne weiteres oder nur mit verhältnismäßigem Aufwand umgesetzt werden. Dann kommt auch die Beschränkung der zeitlichen Einsatzdauer einzelner Baumaschinen in Frage. Im Extremfall ist auch mit einer vorübergehenden Stilllegung der Baustelle zu rechnen.

Ein besonderes Augenmerk ist auf die Nachtzeit und die Sonntagsruhe zu legen. Dies sind besonders geschützte Zeiträume, so dass hier mit einem erheblich geringerem Abwägungsspielraum der Behörde gerechnet werden muss und es sehr viel früher zu Anordnungen kommt, sollten die Eingreifwerte der AVV Baulärm überschritten werden. Um Anordnungen in diesem Zeitraum vorzubeugen, kann bei der zuständigen Behörde eine Ausnahmezulassung beantragt werden. Im Rahmen des Antrags ist zunächst die technologisch zwingende Notwendigkeit oder das öffentliche Interesse nachzuweisen (z. B. um ein Straßenbahngleis am Tag zur Benutzung wieder freigeben zu können). Durch eine Baulärmprognose unter Ausweisung der vorgesehenen Minderungsmaßnahmen, um den verbleibenden Baulärm auf ein unvermeidbares Maß zu reduzieren, ist die zu erwartende Geräuschbelastung darzustellen. Dies stellt dann eine Entscheidungsgrundlage für den Antrag dar.

Unabhängig von einem behördlichen Eingreifen ist der zivilrechtliche Aspekt. Auch hier ist prinzipiell die Unzumutbarkeit einer Geräuschbelastung das zentrale Kriterium (vgl. § 906 BGB [54]). Ein sich belästigt fühlender Anwohner kann natürlich zunächst einmal unabhängig von der AVV Baulärm seinen Anspruch geltend machen. Wird die Angelegenheit gerichtsanhängig, ist zwar davon auszugehen, dass sich das Gericht auch an den Regelungen der AVV Baulärm orientieren wird. Aber schon die Frage, ob Minderungsmaßnahmen erst oberhalb der „Eingreifwerte" oder nicht schon oberhalb der Immissionsrichtwerte zu ergreifen sein werden, ist nicht eindeutig vorhersehbar. Umgekehrt kann bei einer Einhaltung der Immissionsrichtwerte der AVV Baulärm aber durchaus von einer Zumutbarkeit ausgegangen werden. Darauf, dass diese Einhaltung aber gerade im innerstädtischen Bauen häufig nicht möglich ist, wurde bereits hingewiesen. Im Regelfall wird allerdings die Baustelle, wenn es zur Gerichtsverhandlung kommt, überhaupt nicht mehr in dem Zustand sein, der seinerzeit Anlass zur Beschwerde bzw. Klage gab. Dann wird z. B. durch einen Sachver-

ständigen zu klären sein, wie die Geräuschbelästigung seinerzeit gewesen sein könnte.

4.2 Schalltechnische Planung, Einrichtung und Räumung von Baustellen

Da im Zuge von Genehmigungsverfahren allenfalls bei genehmigungsbedürftigen Anlagen im Sinne des BImSchG [25] oder auch Planfeststellungsverfahren der Nachweis zu erbringen ist, dass auch bei der Errichtung keine schädlichen Umweltauswirkungen zu besorgen sind, wird die überwiegende Zahl an Baustellen ohne vorherige Betrachtung der zu erwartenden Geräuschimmissionen begonnen.

Da die Baumaschinen auf einer Baustelle ohne weiteres einen Gesamt-Schallleistungspegel von $L_{WAFTeq} = 115$ dB(A) aufweisen können, ist leicht ersichtlich, dass die Immissionsrichtwerte der AVV Baulärm für den Tag für die Schutzbedürftigkeit eines Mischgebiets überschlägig erst ab gut 200 m, die eines Krankenhauses sogar erst ab rund 1.200 m Entfernung, jeweils bei ungehinderter Schallausbreitung, eingehalten werden. Es ist damit leicht erkennbar, welches Beschwerdepotenzial von Baustellen ausgeht. Dass dennoch die überwiegende Zahl an Baustellen ohne größere Probleme betrieben werden kann, liegt einzig und allein an der Toleranz der Anwohner. Hier ist aber zu verzeichnen, dass diese mit zunehmendem Umweltbewusstsein immer niedriger wird. Gleichzeitig zeichnet sich ab, dass zivilrechtliche Ansprüche verstärkt geltend gemacht werden.

Der Baustellenbetreiber (und damit der Bauherr) ist daher gut beraten, wenn er sich im Vorfeld hinsichtlich der zu erwartenden Geräuschbelastungen der Anwohner fachkundig beraten lässt. Verfügt der Berater über eine entsprechende Fachkunde, gibt er dem Bauherrn frühzeitig eine Entscheidungsgrundlage an die Hand. Auf dieser Grundlage kann er dann entscheiden, ob er Lärmminderungsmaßnahmen (baulich-konstruktiv und/ oder organisatorisch) im Vorfeld umsetzten sollte oder „es darauf ankommen lässt".

Grundlage wird in jedem Fall eine schalltechnische Baulärmprognose sein. Der schalltechnische

Berater steht dabei vor der Frage, welche Geräuschkennwerte (Emissionsrichtwerte, Schallleistungspegel [55, 56], Stand der Schallschutztechnik, Firmenangaben oder eigene Messungen) er bei diesen Berechnungen zu Grunde legen soll. Seit Inkrafttreten der Outdoor-Richtlinie [2] bzw. ihrer Umsetzung in Deutschland durch die 32. BImSchV [7] sollten wenigstens deren Kennwerte als Stand der Technik gelten (siehe Abschn. Anforderungen an Baumaschinen im Geltungsbereich und Deutschland unter "Verwendungsvorschriften").

Aber auch bei Verwendung von Baumaschinen mit den niedrigsten Emissionskennwerten bzw. von mit dem Umweltzeichen „Blauer Engel" ausgezeichneten Baumaschinen (siehe Abschn. Anforderungen an Baumaschinen im Geltungsbereich unter "Umweltzeichen") ist noch nicht sichergestellt, dass die gebiets- und zeitbezogenen Richtwerte eingehalten werden können. Zur schall-technischen Planung, Einrichtung und zum Betrieb von Baustellen gehören also auch weitere Faktoren wie

– Betriebszeitenbegrenzung
– Verwendung anderer geräuschärmerer Verfahren,
– Sekundärmaßnahmen wie Abschirmung, Kapselung und Schalldämpfereinbau,
– rechtzeitiges Erkennen drohender Konflikte und Planung entsprechender Gegenmaßnahmen,
– rechtzeitige Information der potentiell durch Lärm Betroffenen,
– schnelle Behandlung von Beschwerden der von Baulärm Betroffenen.

Durch eine frühzeitige Auseinandersetzung mit dem zu erwartenden Baulärm und der Dauer, die aufgrund der jeweiligen Bauphasen zu erwarten ist, können unterschiedliche Minderungsmaßnahmen in ihren Auswirkungen untersucht werden und somit eine Kosten-Nutzenanalyse durchgeführt werden, um nicht wirtschaftlich unverhältnismäßige Kosten zu verursachen. Welche Minderungsmaßnahmen hierbei sinnvoller sind, wird in der Regel gemeinsam mit einem Bauherrnvertreter sowie dem Bauleiter entschieden. Ein Bauleiter der ausführenden Firma ist zu dem Zeitpunkt womöglich noch gar nicht beauftragt. Meist hat

die Baulärmuntersuchung ja gerade das Ziel, vergaberelevante Entscheidungen, z. B. hinsichtlich Bauverfahren, gleichzeitig zu betreibender gleichartiger Baumaschinen, täglicher möglicher Einsatzdauer, etc. herauszuarbeiten.

Für die Prognose des Lärms auf Baustellen müssen generell folgende Aspekte beachtet werden:

– Bestimmung der maßgeblichen Immissionsrichtwerte der AVV Baulärm im Einwirkbereich der Baustelle,
– Berechnung der zu erwartenden Geräuschemissionen (L_{WAFTeq} in dB(A)) von Baumaschinen und Arbeitsvorgängen mit ihrer jeweiligen täglichen Einwirkdauer,
– Berechnung und Beurteilung der zu erwartenden Schallimmissionen an den maßgeblichen Immissionsorten,
– Ggf. Berechnung und Beurteilung von Lärmminderungsmaßnahmen mit dem Aspekt der Verhältnismäßigkeit,
– Berechnung und Beurteilung der zu erwartenden Schallimmission durch Baustellenfahrzeuge auf öffentlichen Straßen.

Es sei an dieser Stelle nochmals darauf hingewiesen, dass es mitunter besser ist, die tägliche Betriebsdauer lärmintensiver Arbeiten nicht zu begrenzen, wenn dadurch die Gesamtdauer der Bautätigkeiten verkürzt werden kann.

Eine weitere Hilfe für die schalltechnische Planung von Baustellen ist von der im Dezember 2001 als Entwurf vorgelegten VDI-Richtlinie 3765 „Kennzeichnende Geräuschemissionen typischer Arbeitsabläufe auf Baustellen" [57] zu erwarten. Bei den in dieser Richtlinie genannten Geräuschkennwerten werden nicht nur die Geräuschanteile der eingesetzten Maschinen, sondern auch der Einfluss der zu bearbeitenden Materialien sowie verhaltensbedingte Geräuschemissionen berücksichtigt.

Einen ganz anderen Weg bei der schalltechnischen Planung und Einrichtung von Baustellen geht in diesem Zusammenhang die Schweiz mit ihrer Baulärm-Richtlinie [51]. Danach sollen anstelle von Grenzwerten am Immissionsort konkrete Vorgaben für Schallschutzmaßnahmen ausgearbeitet werden. Diese Maßnahmen werden den jeweiligen Lärmemissionen der Baustelle, der Lärmempfindlichkeit der betroffenen Gebiete sowie der Baustellendauer angepasst. [58]

Wenn letztlich die zu ergreifenden Minderungsmaßnahmen festgelegt wurden, sind diese noch geeignet in die Ausschreibung der entsprechenden Baugewerke zu integrieren. Eine gute Hilfestellung in Form vorgefertigter Textbausteine liefert das, allerdings bereits 1996 im Auftrag des Umweltbundesamtes herausgegebene Standardleistungsbuch für das Bauwesen für den Leistungsbereich 898 Schutz gegen Baulärm und Erschütterungen [59]. Darin werden umfassende Hinweise und Standardleistungsbeschreibungen zum Schutz gegen Baulärm und Erschütterungen angegeben.

In diesem Zusammenhang sei auch das Bewertungsmodell der Deutschen Gesellschaft für nachhaltiges Bauen e.V. (DGNB) erwähnt, das auch den Umgang mit Baulärm als Kriterium berücksichtigt. Im Rahmen der Zertifizierung eines Gebäudes nach den Regeln der DGNB [60] erhält ein Bauvorhaben u. a. Punkte für die Formulierung der geforderten Einhaltung der gesetzlichen Vorschriften, für die Planung einer lärmarmen Baustelle (Baulärm bleibt dauerhaft unter dem Grundgeräuschpegel) bzw. die Planung und messtechnische Überwachung einer lärmarmen Baustelle.

4.3 Geräuschminderung bei Baumaschinen und Baustellen

Ende des letzten Jahrtausends sind viele schalltechnische Untersuchungen an Baumaschinen durchgeführt worden. Anhand gezielter Messungen an Einzelkomponenten (z. T. mit Hilfe von Schallintensitätsmessungen) sind die pegelbestimmenden Schallquellen vieler Baumaschinen ausreichend bekannt geworden.

Das Umweltbundesamt hatte eine Reihe von Forschungsvorhaben zur Ermittlung des Standes der Schallschutztechnik gefördert. An Hochschulen und Universitäten, durch technische Überwachungsorganisationen und schalltechnische Beratungsbüros wurden gezielt Untersuchungen zur Pegelminderung an Einzelkomponenten durchgeführt. Verschiedene Baumaschinenhersteller hatten von sich aus schalltechnische Untersuchungen ihrer Maschinen in Auftrag gegeben, um die Geräuschemissionen reduzieren zu können und mit leiseren Maschinen Wettbewerbsvorteile zu erlangen [61].

Es zeichnete sich also ab, dass aus technischer Sicht mit einer weiteren Minderung der Geräuschbelästigung durch im Freien betriebene Maschinen, Geräte und Baustellen gerechnet hätte werden können, wenn vom Gesetzgeber zusätzlich weiterer Druck ausgeübt worden wäre. Zusätzliche Lärmbelastung wurde erwartet, wenn neue, bis dahin noch nicht untersuchte Baumaschinen und -geräte zum Einsatz gekommen wären.

Jedoch wurden die Bemühungen zur fortschreitenden Geräuschminderung stark zurückgefahren. Erstaunlicherweise ist seit Inkrafttreten der Outdoor-Richtlinie [2] und seiner deutschen Umsetzung [7] im Jahr 2002 wenig Neues passiert. Offenbar war dieses Thema für den Gesetzgeber erledigt, als andere wichtige Technologien zur Minderung von Umweltgefährdungen auf der Tagesordnung standen. Ein scheinbarer Zielkonflikt ergab sich mit der Einführung neuer Abgasgrenzwerte in der sogenannten „mobile Geräte und Maschinen-Richtlinie" [62]. Die europäischen Herstellerverbände legten dar, dass die Anforderungen an die Luftreinhaltung wirtschaftlich nur umzusetzen seien, wenn die Bemühungen zur Lärmminderung verringert oder nahezu eingestellt würden. Dieser Argumentation folgte der Europäische Gesetzgeber seitdem. Würde der momentane durchschnittliche Technikstand zur Lärmminderung bei Baumaschinen realistisch eingeschätzt, wäre er vergleichbar mit dem aus dem Jahr 2000. Besonders aus dieser ernüchternden Feststellung heraus kann geschlussfolgert werden, dass die Geräuschminderung an Baumaschinen und Baustellen auch weiter ein aktuelles Thema bleiben wird.

Im Folgenden werden Beispiele für Schallschutzmaßnahmen an Baumaschinen angegeben. Vor dem Hintergrund weiterer technischer Anforderungen sind diese Maßnahmen mehr oder weniger einfach umzusetzen.

Radlader, Radlader mit Heckbagger, Bagger

Abb. 5 zeigt die Hauptgeräuschquellen eines Radladers.

Beispiele für Schallschutzmaßnahmen:

- Kapselung der Hauptgeräuschquellen (z. B. Motor, Pumpen, Getriebe) und/oder
- lärmarme Ausführung der Aggregate,
- Einsatz optimierter Abgasschalldämpfer,
- Einsatz von Schalldämpfern beim Kühlerventilator, Ölkühler und Luftansaugfilter,
- Körperschallisolierung und Kapselung aller Hydraulik- und Antriebskomponenten,
- Endlagendämpfung an den Hydraulikzylindern,
- Einsatz einer mechanisch getrennten, körperschallisoliert aufgesetzten Fahrerkabine zur erheblichen Reduzierung des Lärms am Bedienplatz.

Transportbetonmischer

Abb. 6 zeigt die Hauptgeräuschquellen eines Transportbetonmischers (Fahrmischers).

Beispiele für Schallschutzmaßnahmen:

- Einsatz eines lärmarmen Fahrgestells,
- Einsatz einer lärmgeminderten Kraftübertragung durch optimierte Konstruktionen, Luft- und Körperschallisolierung,
- Verminderung der Schallabstrahlung der Mischtrommel durch optimierte Lager.

Rammen (Schlagrammen und Hydraulikrammen)

Mit Schallleistungspegeln von 125 ± 10 dB(A) gehören sie zu den lautesten Geräuschquellen auf Baustellen.

Eine Pegelminderung von ca. 5 dB(A) kann z. B. durch Einlegen von Teflon- oder Kunststoffscheiben in die Schlagfuge erreicht werden.

Schalldämmende, innen absorbierende Verkleidungen (Lärmschutztürme) können zu Pegelminderungen von 5 bis 8 dB(A) führen.

5 bis 15 dB(A) niedrigere Werte lassen sich durch Verwendung anderer Verfahren erreichen wie

- Einvibrieren von Spundwandbohlen/Stahlträgern,
- Bohren statt Rammen und Vibrieren,
- Abstützen der Baugrube durch Bohrpfahlwände,
- Abstützen der Baugrube durch Schlitzwände,
- Einpressen von Spundwandbohlen.

Kreissägen

Beispiele für Schallschutzmaßnahmen sind

- Kapselung mittels Schallschutzhauben,
- Abschirmung durch absorbierende Stell-wände,
- Verwendung von Sägeblättern mit niedriger Zahnhöhe und Diamanttechnik,
- Verwendung von Sägeblättern mit dämpfender Zwischenschicht (Sandwichblätter).

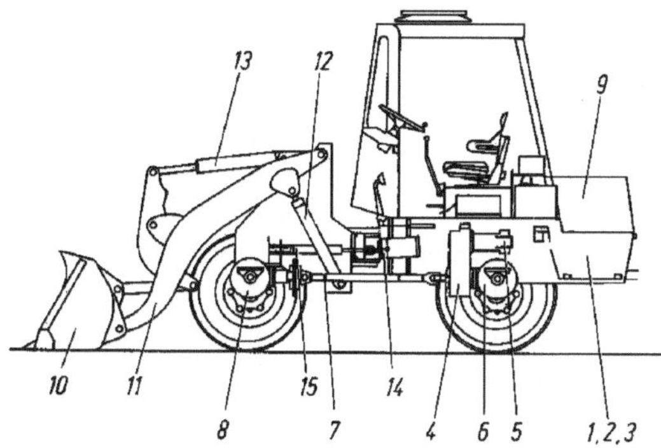

besonders wichtig	weniger bedeutend
1 Dieselmotor	10 Schaufel
2 Fahrpumpe	11 Hubgestell
3 Hydrozahnradpumpe	12 Hubzylinder
4 Verteilergetriebe	13 Kippzylinder
5 Fahrmotor	14 Knickzylinder
6 Hinterachse	15 Lenkzylinder
7 Gelenkwelle	
8 Vorderachse	
9 Ölkühler	

Abb. 5 Die wichtigsten Elemente des Laders, unterschieden nach ihrer Bedeutung für die Geräuschemission

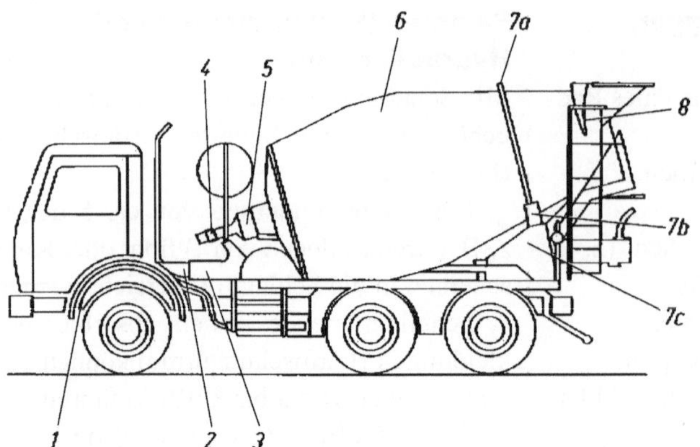

Abb. 6 Die wichtigsten Elemente des Fahrmischers, unterschieden nach ihrer Bedeutung für die Geräuschemission

Warnsignale

In den letzten Jahren fällt immer häufiger auf, dass Baumaschinen für nahezu jede Bewegung, die sie ausführen, ein Warnsignal aussenden. Es handelt sich dabei meist um sich wiederholende Kurzzeittöne um 1 kHz mit sehr hohen Pegeln. Dieses „Piepen" mag heutzutage vielen geläufig sein, kommt es eben nicht nur von Baumaschinen, sondern auch von Müllsammelfahrzeugen, Sattelzügen, Kehrmaschinen usw. Ein Signal, das scheinbar für Sicherheit sorgen soll, dient aber durch die ungeahnte Verbreitung eher der Lärmbelästigung.

Bemerkenswert ist dabei, dass es für fast keinen dieser Einsatzfälle eine gesetzliche Verpflichtung in Deutschland gibt. Zwar regelt die Maschinenrichtlinie [6] die Verwendung von Warnsignalen, jedoch ausschließlich, wenn ein Bediener ein Maschinenteil von einem Stellteil bzw. einer Fernsteuerung aus steuert, er aber den Gefahrenbereich des Maschinenteils nicht vollständig einsehen kann. Der Betrieb eines Warnsignals bei Rückwärts- oder gar Vorwärtsfahrt eines kompletten Lkw, eines Müllsammelfahrzeugs oder einer Baumaschine ist in Deutschland nicht notwendig. Juristisch ungeklärt ist hier die Frage, ob ein solches Warnsignal überhaupt erlaubt ist. So schreibt nämlich die StVO [63] keinerlei Warnsignale für die Rückwärtsfahrt vor, sondern verlangt bei einer möglichen Gefährdung anderer Verkehrsteilnehmer einen Einweiser.

Eine Nachfrage beim TÜV Nord (als benannte Stelle bei der Zulassung von Maschinen und Geräten gemäß Outdoor- [2] und Maschinenrichtlinie) ergab, dass die Prüfer eventuelle Signalgeber an neu zuzulassenden Baumaschinen und Lkw vor der Zulassungsprüfung außer Betrieb setzen („abklemmen"). Der Grund dafür ist, dass diese Gerätschaften in Deutschland nicht zulassungsfähig sind, sofern sie nicht im engeren Sinne der Maschinenrichtlinie betrieben werden.

In den USA gibt es eine Arbeitsschutzregel [64], die die Verwendung von Warnsignalen bei der Rückwärtsfahrt von Fahrzeugen vorschreibt, sofern der Fahrzeugführer keine ausreichende Sicht nach hinten hat. Dabei muss der Schallleistungspegel des Signals in jedem Fall höher als das Umgebungsgeräusch sein. Weil der Hersteller einer Baumaschine nicht einschätzen kann, wie hoch das Umgebungsgeräusch sein wird, ist folgerichtig der üblicherweise eingestellte Signalpegel sehr hoch, teilweise sogar weit über 100 dB. So stellt sich für eine übliche Baustelle hier die Frage, ob der Sicherheitsaspekt solcher Warnsignale gewährleistet bleibt, wenn unzählige Baumaschinen permanent aus allen Richtungen dieselben Warnsignale abgeben. Es wäre zu schützenden Bauarbeitern nicht zu verdenken, dass sie diese Signale ausblenden, da ihr Gehör bereits an die Dauerbeschallung gewöhnt ist.

Die Anforderungen an Betrieb und Wirkung von Warnsignalen sind in ISO 9533 [65] beschrieben. Popoff-Asotoff und weitere beschreiben in [66] die erhöhte Belästigungswirkung von „Piepsignalen" und fanden heraus, dass tonale Warnsignale meist nicht den Anforderungen der ISO 9533 genügen. Beim Einsatz von breitbandigen Warnsignalen jedoch konnte trotz Erhöhung der Warnwirkung die allgemeine Lärmbelästigung vermindert werden.

Folgendes wird daher zur Lärmminderung in Deutschland empfohlen:

- Einsatz von Warnsignalen ausschließlich bei stellteil- bzw. fernbedienten Maschinenfunktionen
- Einsatz von breitbandigen Geräuschen anstelle von Einzeltönen
- Einweiser bei Rückwärtsfahrt von Lkw oder Kommunalfahrzeugen

Sonstige Maßnahmen zur Geräuschminderung

- Geräte mit E-Motoren statt Verbrennungsmotoren verwenden. Besonders bei Baumaschinen mit fortschrittlicher Hybridtechnologie lassen sich hier einige dB(A) mindern.
- Wenn Verbrennungsmotoren, dann solche in lärmarmer Ausführung (z. B. mit Wasserkühlung statt Luftkühlung) verwenden.
- Baustellenentwässerungspumpen bzw. Grundwasser-Absenkungspumpen, die auch nachts betrieben werden müssen, in geräuscharmer Ausführung verwenden und an immissionsortfernen oder -abgeschirmten Baustellenbereichen anordnen (auch wenn dazu längere Kabel und Schläuche erforderlich werden).
- Abbrucharbeiten bei lärmempfindlichen Baustellen nicht mit schlagenden Geräten (Presslufthammer), sondern mit Diamantschneideverfahren, durch hydraulisches Spalten oder mit hydraulischen Scheren (Betonbeißer) durchführen.
- Aufstellung selbsttragender Abschirmwände; sie ermöglichen eine Pegelreduktion von 3 bis 6 dB(A).

Weitere wertvolle Hinweise zu möglichen allgemeinen Schallschutzmaßnahmen an Baumaschinen geben Prickartz und Hecker in [67].

Das Umweltbundesamt in Dessau verfügt über die umfassendste Sammlung von Forschungsberichten zum Thema „Lärmarme Baumaschinen" aufgrund von Forschungsvorhaben, die im Namen der Bundesregierung finanziert wurden. Das neue Hauptgebäude des Umweltbundesamts wurde im Rahmen des Forschungsprojekts „Lärmarme Baustelle" errichtet. In den Berichten dazu [68, 69] sind planerische, technische und baubegleitende Maßnahmen beschrieben, um Baulärm auf ein für Anwohner erträgliches Maß zu senken.

Literatur

1. Grünbuch der Europäischen Kommission Zukünftige Lärmschutzpolitik. Brüssel, November 1996, KOM (96) 540 endg (1996)
2. Richtlinie 2000/14/EG des Europäischen Parlaments und des Rates vom 08. Mai 2000 zur Angleichung der Rechtsvorschriften der Mitgliedstaaten über umweltbelastende Geräuschemissionen von zur Verwendung im Freien vorgesehenen Geräten und Maschinen. Amtsblatt der Europäischen Gemeinschaften L 162/1 vom 03.07.2000 (2000)
3. Berichtigung der Richtlinie 2000/14/EG des Europäischen Parlaments und des Rates vom 08. Mai 2000 zur Angleichung der Rechtsvorschriften der Mitgliedstaaten über umweltbelastende Geräuschemissionen von zur Verwendung im Freien vorgesehenen Geräten und Maschinen. Amtsblatt der Europäischen Gemeinschaften L 162 S. 1 vom 03.07.2000, Amtsblatt der Europäischen Gemeinschaften L 311 S. 50 vom 12.12.2000 und weiterer Berichtigung gemäß Amtsblatt der Europäischen Gemeinschaften L 165 S. 35 vom 17.06.2006 (2000)
4. Richtlinie des Rates vom 14. Juni 1989 zur Angleichung der Rechtsvorschriften der Mitgliedstaaten für Maschinen (89/392/EWG). Amtsblatt der Europäischen Gemeinschaften L 183/9 vom 29.06.1989 (1989)
5. Richtlinie 98/37/EG des Europäischen Parlaments und des Rates vom 22. Juni 1998 zur Angleichung der Rechtsvorschriften der Mitgliedstaaten für Maschinen. Amtsblatt der Europäischen Gemeinschaften L 207/1 vom 07.12.1998 (1998)
6. Richtlinie 2006/42/EG des Europäischen Parlaments und des Rates vom 17. Mai 2006 über Maschinen und zur Änderung der Richtlinie 95/16/EG (Neufassung). Amtsblatt der Europäischen Union L 157/24 vom 09.06.2006 (2006)
7. Verordnung zur Durchführung des Bundes-Immissionsschutzgesetzes (Geräte- und Maschinenlärmschutzverordnung – 32. BImSchV) vom 29. August 2002 (BGBl. I S. 3478), zuletzt geändert durch Artikel 9 des Gesetzes vom 8. November 2011 (BGBl. I S. 2178) (2002)
8. Neunte Verordnung zum Geräte- und Produktsicherheitsgesetz (Maschinenverordnung – 9. ProdSV) vom 12. Mai 1993 (BGBl. I S. 704), zuletzt geändert durch

Art. 19 des Gesetzes vom 8. November 2011 (BGBl. I S. 2178) (1993)

9. DIN EN ISO 3744: Akustik – Bestimmung der Schallleistungspegel von Geräuschquellen aus Schalldruckpegelmessungen, Hüllflächenverfahren der Genauigkeitsklasse 2 für ein im Wesentlichen freies Schallfeld über einer reflektierenden Ebene. Ausgabe November 1995 (1995)

10. DIN EN 61672-1: Elektroakustik – Schallpegelmesser – Teil 1: Anforderungen. Ausgabe Juli 2014 (2014)

11. ISO 6395: Earth-moving machinery – Determination of sound power level – Dynamic test conditions, Ausgabe 2008–03 (2008)

12. DIN EN ISO 11200: Akustik – Geräuschabstrahlung von Maschinen und Geräten – Leitlinien zur Anwendung der Grundnormen zur Bestimmung von Emissions-Schalldruckpegeln am Arbeitsplatz und an anderen festgelegten Orten (ISO 11200:2014); Deutsche Fassung EN ISO 11200:2014 (2014)

13. DIN EN ISO 4871: Akustik – Angabe und Nachprüfung von Geräuschemissionswerten von Maschinen und Geräten. Ausgabe März 1997 (1997)

14. DIN EN 27574 Teil 1 – 4: Akustik – Statistische Verfahren zur Festlegung und Nachprüfung angegebener (oder vorgegebener) Geräuschemissionswerte von Maschinen und Geräten, Ausgabe 1989–03 (1989)

15. Working Group of Notified Body's 2000/14/EC Recommendation for Use No. 07–003 R2 (2014)

16. Richtlinie des Rates vom 22. Dezember 1986 zur Begrenzung des Geräuschemissionspegels von Hydraulikbaggern, Seilbaggern, Planiermaschinen, Ladern und Baggerladern (86/662/EWG) (1986)

17. Report on the "NOMAD" project – a survey of instructions supplied with machinery with respect to noise and the requirements of the Machinery Directive, 05.2012 (2012)

18. Drittes Landesgesetz zur Änderung des Landes-Immissionsschutzgesetzes (Rheinland-Pfalz) Vom 9. März 2011 (GVBl. Nr. 7 vom 22.03.2011 S. 75) (2011)

19. Vergabegrundlage Umweltzeichen Baumaschinen RAL-UZ 53, Produktanforderungen, Zeichenanwender und Produkte, RAL, Deutsches Institut für Gütesicherung und Kennzeichnung e.V., 02.2015 (2015)

20. MIA en Vamil Jaarverslag 2013, Rijksdienst voor Ondernemend Nederland, Zwolle (2014)

21. Steuerliche Vergünstigungen von Umweltinvestitionen. Information von P.J. Kruithof, F.J. Wering, Ministerie van Volkshuisvesting, Ruimtelijke-Ordening en Milieubeheer, Den Haag, Nederland, Ausgabe 2002–02 (2002)

22. MIA\Vamil 2014, Brochure en Milieulijst, Rijksdienst voor Ondernemend Nederland, Zwolle, 01.2014 (2014)

23. Trefwoordenlijst Milieulijst 2014, Rijksdienst voor Ondernemend Nederland, Zwolle, 01.2014 (2014)

24. NOMEVAL Noise of Machinery – Evaluation of Directive 2000/14/EC European Commission, Enterprise and Industry, Directorate-General Mechanical, Electrical an Telecom Equipment, Unit ENTR/05/105, Contract No. 2006/SI2.449579 (2006)

25. Gesetz zum Schutz vor schädlichen Umwelteinwirkungen durch Luftverunreinigungen, Geräusche, Erschütterungen und ähnliche Vorgänge (Bundes-Immissionsschutzgesetz – BImSchG) in der Fassung der Bekanntmachung vom 26. September 2002 (BGBl. I S. 3830), zuletzt geändert durch Artikel 1 des Gesetzes vom 8. April 2013 (BGBl. I S. 734) (2002)

26. Sicherheit und Gesundheit bei der Arbeit 2012. Unfallverhütungsbericht Arbeit, Bundesministerium für Arbeit und Soziales, Bundesanstalt für Arbeitsschutz und Arbeitsmedizin, Dortmund/Berlin/Dresden (2012)

27. Richtlinie 2003/10/EG des Europäischen Parlaments und des Rates vom 6. Februar 2003 über Mindestvorschriften zum Schutz von Sicherheit und Gesundheit der Arbeitnehmer vor der Gefährdung durch physikalische Einwirkungen (Lärm), Amtsblatt der Europäischen Gemeinschaften L 42/38 vom 15.02.2003 (2003)

28. Lärm- und Vibrations-Arbeitsschutzverordnung vom 6. März 2007 (BGBl. I S. 261), die zuletzt durch Artikel 3 der Verordnung vom 19. Juli 2010 (BGBl. I S. 960) geändert worden ist (2007)

29. DIN 45 645 Teil 2: Ermittlung von Beurteilungspegeln aus Messungen – Teil 2: Ermittlung des Beurteilungspegels am Arbeitsplatz bei Tätigkeiten unterhalb des Pegelbereiches der Gehörgefährdung (2012)

30. VDI 2058 Blatt 2: Beurteilung von Lärm hinsichtlich Gehörgefährdung, Ausgabe 1988–06 (1988)

31. VDI 2058 Blatt 3: Beurteilung von Lärm am Arbeitsplatz unter Berücksichtigung unterschiedlicher Tätigkeiten, Ausgabe 2014–08 (2014)

32. ISO 1999: Akustik – Bestimmung des lärmbedingten Hörverlusts, Ausgabe 2013–10 (2013)

33. Allgemeine Verwaltungsvorschrift zum Schutz gegen Baulärm – Geräuschimmissionen vom 19. August 1970 (Beilage zum BAnz. Nr. 160 vom 01. September 1970) (1970)

34. Sechste Allgemeine Verwaltungsvorschrift zum Bundes-Immissionsschutzgesetz, Technische Anleitung zum Schutz gegen Lärm TA Lärm vom 26. August 1998, GMBl. 1998, Nr. 26, 503 (1998)

35. Richtlinien für den Lärmschutz an Straßen – RLS 90: Ausgabe 1990. Allgemeines Rundschreiben Straßenbau Nr. 8/1990 des Bundesministers für Verkehr im Einvernehmen mit den obersten Straßenbaubehörden der Länder. Bonn, den 22. Mai 1990. Berichtigter Nachdruck (1992)

36. Verordnung zur Durchführung des Bundes-Immissionsschutzgesetzes (Verkehrslärmschutzverordnung – 16. BImSchV) – Verkehrslärmschutzverordnung vom 12. Juni 1990 (BGBl. I S. 1036), die durch Artikel 3 des Gesetzes vom 19. September 2006 (BGBl. I S. 2146) geändert worden ist (1990)

37. VDI 2719: Schalldämmung von Fenstern und deren Zusatzeinrichtungen, Ausgabe 1987–08 (1987)

38. Western Australia Environmental Protection Act 1986; Regulations 1997 Environmental Protection (Noise) Regulations 1997, As at 19 May 2014 (1986)
39. Noise guidelines for development sites in the Northern Territory, NT Environment Protection Authority, 01.2013 (2013)
40. South Australia Environment Protection (Noise) Policy 2007 under the Environment Protection Act 1993 (2007)
41. Queensland Environmental Protection Act 1994, Current as at 7 November 2014 (1994)
42. Tasmania Environmental Management and Pollution Control (Miscellaneous Noise) Regulations 2014 (S.R. 2014, No. 60) (2014)
43. Vejledning fra miljøstyrelsen – Ekstern støj fra virksomheder, Miljø- og Energiministeriet Miljøstyrelsen, København, 11.1984 (1984)
44. BS 5228-1 und 2: Code of practice for noise and vibration control on construction and open sites – Part 1: Noise, Part 2: Vibration. Ausgaben 2009 + Amendment A1 (2009)
45. Hong Kong Noise Control Ordinance – To provide for the prevention, minimizing and abatement of noise; the appointment of a Noise Control Authority; the powers and duties of the Noise Control Authority relating to the control of noise; the creation of offences; and for connected purposes. (Enacted 1988), Version 30.06.1997 (1988)
46. Bouwbesluit 2012: Staatsblad 416 – Besluit van 29 augustus 2011 houdende vaststelling van voorschriften met betrekking tot het bouwen, gebruiken en slopen van bouwwerken, Staatsblad van het Koninkrijk der Nederlanden, Jaargang (2012)
47. Österreich – Kärnten – Kärntner Bauordnung 1996 K-BO, geändert am 11.10.2006 (1996)
48. Verordnung der Oö. Landesregierung, mit der Durchführungsvorschriften zum Oö. Bautechnikgesetz 2013 sowie betreffend den Bauplan erlassen werden (Oö. Bautechnikverordnung 2013 – Oö. BauTV 2013) (2013)
49. (Land Wien) Gesetz vom 26. Jänner 1973 zum Schutz gegen Baulärm, zuletzt geändert durch LGBl 2001/78 am 12.10.2001 (1973)
50. (Land Tirol) Verordnung der Landesregierung vom 15. September 1998, mit der Grenzwerte für den Baulärm und die Art ihrer Messung festgelegt werden (Baulärmverordnung 1998), LGBl. Nr. 91/1998 (1998)
51. Baulärm-Richtlinie – Richtlinie über bauliche und betriebliche Massnahmen zur Begrenzung des Baulärms gemäss Artikel 6 der Lärmschutz-Verordnung vom 15. Dezember 1986, Bundesamt für Umwelt BAFU, Bern, Stand (2011)
52. NFS 2004:15 – Naturvårdsverkets allmänna råd om buller från byggplatser (Baustellenlärmrichtlinie Schweden), ISSN 1403-8234, 09.12.2004 (2004)
53. Environmental Pollution Control (Control of Noise at Construction Sites) Regulations 1999, Singapur, Fassung vom 01.09.2011 (2011)
54. Bürgerliches Gesetzbuch in der Fassung der Bekanntmachung vom 2. Januar 2002 (BGBl. I S. 42, 2909; 2003 I S. 738), das zuletzt durch Artikel 1 des Gesetzes vom 22. Juli 2014 (BGBl. I S. 1218) geändert worden ist (2002)
55. Technischer Bericht zur Untersuchung der Geräuschemissionen von Baumaschinen, Umweltplanung, Arbeits- und Umweltschutz Heft 247, Hessisches Landesamt für Umwelt und Geologie (1998)
56. Technischer Bericht zur Untersuchung der Geräuschemissionen von Baustellen Heft 2, Hessisches Landesamt für Umwelt und Geologie (2004)
57. VDI 3765 E: Kennzeichnende Geräuschemission typischer Arbeitsabläufe auf Baustellen. Entwurf. Ausgabe 2001–12 (2001)
58. Meloni, T., Fischer, F.: Wenn Grenzwerte nicht greifen: Eine Lösung für Baulärm. DAGA 2000 (2000)
59. Standardleistungsbuch für das Bauwesen, Leistungsbereich: Schutz gegen Baulärm und Erschütterungen. Umweltbundesamt Berlin, Ausgabe 04.1996 (1996)
60. Deutsche Gesellschaft für Nachhaltiges Bauen e.V., Stuttgart; Steckbrief-Nr. NBV09-48 für den Neubau von Büro- und Verwaltungsgebäuden Baustelle/Bauprozess; Version (2009)
61. Goldemund, K.: Messtechnisch ermittelte Schallleistungspegel einer Bohranlage. Und: Vorschläge zur Reduzierung der Geräuschemission der Bauer Maschinen GmbH. Müller-BBM GmbH (nicht veröffentlichter Bericht Nr. 51 600/1) (2001)
62. Richtlinie 97/68/EG des Europäischen Parlaments und des Rates vom 16. Dezember 1997 zur Angleichung der Rechtsvorschriften der Mitgliedsstaaten über Maßnahmen zur Bekämpfung der Emission von gasförmigen Schadstoffen und luftverunreinigenden Partikeln aus Verbrennungsmotoren für mobile Maschinen und Geräte (1997)
63. Straßenverkehrs-Ordnung vom 6. März 2013 (BGBl. I S. 367), die durch Artikel 1 der Verordnung vom 22. Oktober 2014 (BGBl. I S. 1635) geändert worden ist (2013)
64. Regulations (Standards 29 CFR), Safety and Health Regulations for Construction, Part 1926.601(b)(4), Occupational Safety & Health Administration, USA (2010)
65. ISO 9533: Earth-moving machinery – Machine-mounted audible travel alarms and forward horns – Test methods and performance criteria (2010)
66. Popoff-Asotoff P., Holgate, J., Macpherson, J.: Which is safer – tonal or broadband reversing alarms? In: Proceedings of acoustics 2012, Fremantle (2012)
67. Prickartz, R., Hecker, R.: Möglichkeiten der Lärmminderung an Baumaschinen I und II. VDI- Berichte

900, Tagungsband Schalltechnik '91, Düsseldorf (1991)

68. Neuhofer, R., Wippermann, R.: Schalltechnische Untersuchungen zur Ermittlung der Geräuschimmissionen während des Aufbaus des Umweltbundesamtes Dessau ausgehend vom Baustelleneinrichtungsplan für die 1. bis 8. Bauphase. Umweltbundesamt, Berlin (2001)

69. Neuhofer, R.: Schalltechnische Untersuchungen, theoretische Überlegungen und Ansätze für die Ablage von Emissionsdaten für Baustellen. Umweltbundesamt, Berlin (2002)